G. D. Bishop

Einführung in lineare elektronische Schaltungen

Mit 118 Bildern

Vieweg

Titel der englischen Originalausgabe:

Linear Electronic Circuits and Systems
Copyright © *G. D. Bishop* 1974
Published 1974 by THE MACMILLAN PRESS LTD London and Basingstoke

Herausgegeben von *Noel M. Morris,*
übersetzt und bearbeitet von *Franz Seifert*

CIP-Kurztitelaufnahme der Deutschen Bibliothek

Bishop, George D.
Einführung in lineare elektronische Schaltungen. –
1. Aufl. – Braunschweig: Vieweg, 1977.
    Einheitssacht.: Linear electronic circuits and
    systems ⟨dt.⟩
    ISBN 3-528-03027-5

1977

© der deutschen Ausgabe Friedr. Vieweg & Sohn Verlagsgesellschaft mbH, Braunschweig 1977
Alle Rechte an der deutschen Ausgabe vorbehalten

Satz: Friedr. Vieweg + Sohn, Braunschweig
Druck: fotokop, Darmstadt
Buchbinder: Junghans, Darmstadt
Printed in Germany-West

ISBN 3 528 0**3027** 5

Geleitwort des Herausgebers

Der technische Fortschritt ist nirgends stürmischer als im Bereich der
Elektronik, Elektrotechnik und Regelungstechnik. Die Reihe der
MACMILLAN – BASIS– Bücher wird von Autoren verfaßt, die Fachleute
auf diesem Gebiet sind und deren Erfahrung sie befähigt, technische
Entwicklungen klar herauszuarbeiten.

Jedes Buch der Reihe behandelt ein einziges Fachgebiet, und es werden
gleichermaßen Studenten in den ersten Semestern und Techniker Informa-
tionen über das Wissensgebiet ihrer Ausbildung vorfinden. Die Bücher wurden
im Hinblick auf Ihre Verwendbarkeit für das Selbststudium sorgfältig
bearbeitet und ausgestaltet. Diese Darstellungsart macht sie nicht nur für
Leser interessant, die in das Fachgebiet zum ersten Mal eindringen, sondern
auch für die reife Leserschaft, die eine Revision und Erneuerung ihres Wissens
anstrebt.

Noel M. Morris

Vorwort

Seit vielen Jahrzehnten kennt und benutzt der Elektroniker und Regelungs-
techniker die Theorie und Anwendung der linearen elektronischen Schaltungstechnik. Die letzten Entwicklungen der Mikroelektronik jedoch haben durch
die Verfügbarkeit des integrierten Operationsverstärkers mit hohem Gewinn
den Entwurf linearer Schaltungen wesentlich vereinfacht. Die Entwicklung
einer Schaltung kann heute als der Entwurf eines Verstärkersystems mit
einer Minimalzahl zusätzlicher Einzelelemente betrachtet werden.

Das vorliegende Buch faßt in einem Band das notwendige Wissen für das volle
Verständnis und die Anwendung der Theorie linearer Schaltungen, vom
einfachen Wechselstromkreis bis zur hochentwickelten Schaltung von Analog-
rechnern, zusammen. Vorausgesetzt wird das grundlegende Verständnis des
Gleichstromkreises und die Vertrautheit mit modernen Schaltelementen,
obwohl im ganzen Buch immer wieder auf grundlegende Prinzipien verwiesen
wird. Der Aufbau, die Funktionsweise und der Einsatz des Transistors in
Schaltungen wird eingehend behandelt, insbesonders wird der gesamte Entwurf eines Operationsverstärkers aus einzelnen Bauelementen dargestellt, der
ähnliche Kennwerte wie seine integrierte Ausführungsform besitzt.

Das letzte Kapitel ist einer Sammlung von Anwendungsbeispielen des Operationsverstärkers gewidmet, die Forschungsberichten, Fachzeitschriften und
anderen Veröffentlichungen entnommen wurde. Hier gilt mein Dank einer
Vielfalt von Informationsquellen, insbesonders aber dem Herausgeber der
"Wireless World" für die Erlaubnis des Nachdrucks verschiedener Schaltungen. Das Buch wird Elektroniker jeden Bildungsgrades ansprechen: Vom
interessierten Bastler über den Techniker bis zum Technikstudenten der
ersten Semester, denn die Kenntnis der linearen Schaltungen ist die Grundlage
elektronischer Schaltungen jeden Entwicklungsgrades. Die Mathematik in den
Beweisen und Ableitungen verschiedener Formeln wurde auf ihr minimales
Ausmaß beschränkt, denn das Ziel dieses Buches ist das Verständnis der
Funktion der Schaltung und nicht die spitzfindige Umformung komplizierter
Gleichungen. Einfache mathematische Ausdrücke werden dort angegeben, wo
sie bestimmte Anwendungen in linearen Systemen finden, d.h. bei Differentia-
toren, Integratoren, Logarithmieren, funktionalen Schaltungen usw.

G. B. Bishop

Anmerkung zur deutschen Übersetzung: Dieses Büchlein möge dem deutsch-
sprachigen Leser nicht nur eine Einführung in das fesselnde Gebiet der
linearen Schaltungen geben, sondern in ihm auch das Interesse für selbstän-
dige Weiterbildung in der Elektronik wecken. Dazu ist aber die Kenntnis der
englischen Sprache, insbesondere der englischen Fachausdrücke und Darstellungsweise elektronischer Schaltungen nicht zu umgehen, denn viele Fach-
artikel, Datenblätter, Gerätebeschreibungen usw. liegen nur in dieser Sprache
vor. Bei der Übersetzung wurden deshalb die englischen Fachausdrücke in
Klammern angeführt bzw. überhaupt der englische Ausdruck verwendet, falls
dieser gebräuchlicher ist. Dann steht die deutsche Übersetzung in Klammern.

VI

Inhaltsverzeichnis

1. Signalverarbeitung

Der Schwerpunkt des ersten Kapitels liegt auf der Verarbeitung von Spannungen und Strömen in Schaltungen oder Netzwerken, die aus den drei elektrischen Grundbauelementen bestehen, nämlich aus Widerständen, Kapazitäten und Induktivitäten.
Für aktive Schaltungen werden die Strom- und Spannungsverhältnisse so behandelt, daß damit eine Grundlage der System- und Schaltungsanalyse im zweiten Kapitel gegeben ist.

1.1. Spannungen und Ströme

Die Spannung tritt in elektronischen Schaltkreisen als *Potentialdifferenz* oder EMk (elektromotorische Kraft, eingeprägte Spannung, englisch e.m.f.) auf und wird mit U bezeichnet und in Volt (V) gemessen. Die Spannung, die an einem elektrischen Bauelement liegt, kann als *Spannungsabfall* vom höheren zum niederen Potential angesehen werden. Wir bezeichnen mit U den Gleichspannungswert und mit u eine veränderliche Spannung, wie beispielsweise ein sinusförmiges Signal. Wenn mehrere Bauelemente in einem Punkt miteinander verbunden sind, so wird dieser als *Knoten* bezeichnet und die Elemente oder elektrischen Verbindungen, die in Knoten zusammenlaufen, heißen *Zweige*.

Keine Schaltung funktioniert ohne Versorgung durch eine Spannungsquelle, die im Idealfall einen Innenwiderstand von Null haben sollte, so daß die Versorgungsspannung durch die Stromentnahme nicht abfällt. Eine derartige Versorgung wird als *ideale Spannungsquelle* bezeichnet, im Gegensatz dazu liefert die *ideale Stromquelle* einen von der Ausgangsspannung unabhängigen Strom. Stabilisierte Versorgungsgeräte, die diesen idealen Quellen nahekommen, werden im 8. Kapitel beschrieben. Für Strom I(i) und Spannung U(u) gelten bei den elektrischen Grundelementen folgende Beziehungen:

für den Widerstand $U = IR$ oder $u = iR$

für die Induktivität $u = L\dfrac{di}{dt}$

für die Kapazität $i = C\dfrac{du}{dt}$

wobei R den Widerstand in Ohm (Ω), L die Induktivität in Henry (H) und C die Kapazität in Farad (F) angibt. Die Ausdrücke di/dt und du/dt sind die mathematische Darstellungsweise der zeitlichen Änderungsrate von Strom i oder Spannung u und beschreiben den Aufbau oder die Speicherung von Energie in der Kapazität oder in der Induktivität. Die Gleichungen setzen ideale Elemente voraus, die reine Kapazitäten oder Induktivitäten sind und keinen ohmschen Verlustwiderstand oder Leckstrom haben.

Jedes elektronische Netzwerk verarbeitet oder erzeugt veränderliche Spannungen und Ströme, ob dies nun aufeinanderfolgende logische Pulse, Fernsehsignale oder viele Kilowatt elektrischer Leistung in Übertragungsleitungen sind. Es gibt mehrere Verfahren, um das Verhalten eines Netzwerks zu bestimmen. Wenn Spannung oder Strom Information enthält, spricht man in der Nachrichtentechnik von einem *Signal*. Die Wirkung des Schaltkreises auf das Signal heißt *Signalverarbeitung* (signal processing).

Vor der Behandlung einfacher Schaltungen in Abschnitt 1.2 müssen einige Eigenschaften
von Stromkreisen dargestellt werden. Zuerst sind dies die *Kirchhoffschen Gesetze.*
Kirchhoff hat zwei Gesetze aufgestellt:

Die Kirchhoffsche Knotenregel (current law): In jedem Zeitpunkt ist die Summe der in
einen Stromknoten fließenden Ströme Null. Das Bild 1.1 zeigt einen solchen Stromknoten,
in den vier Strömen fließen: $I_1 + I_2 + I_3 + I_4$ ergeben Null. Jeder Strom, der aus dem
Knoten herausfließt, hat negatives Vorzeichen.

Die Kirchhoffsche Maschenregel (voltage law): In jedem Zeitpunkt ist die Summe der
Spannung einer Netzwerkmasche Null.

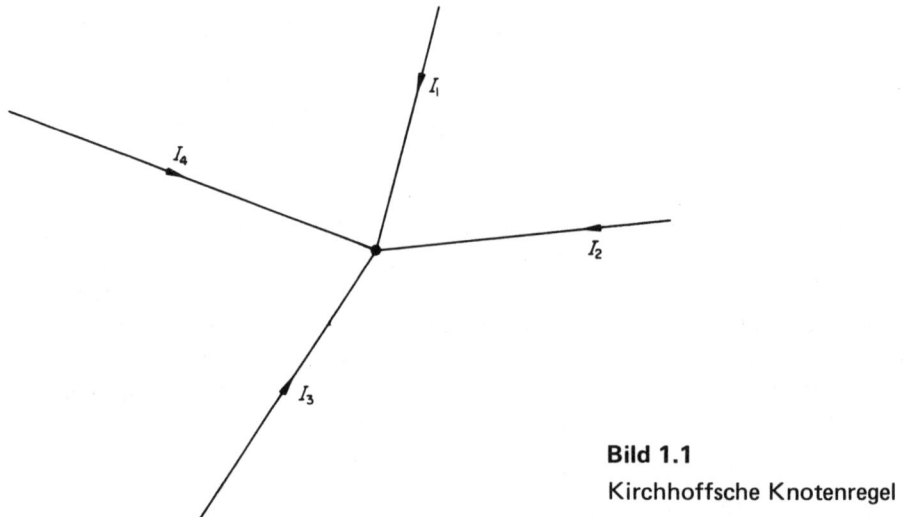

Bild 1.1

Kirchhoffsche Knotenregel

Das Bild 1.2 zeigt eine Schaltung, in der für die Masche A: $U_1 - U_4 + U_5 = 0$, für die
Masche B: $U_4 - U_2 - U_3 = 0$ und dementsprechende Beziehungen für alle möglichen
Schleifen gelten. In einer komplizierten Schaltung mit mehreren unbekannten Größen
können diese Gesetze zur Bestimmung dieser Größen verwendet werden, indem das Sy-
stem der Gleichungen aufgelöst wird. Die Kirchhoffschen Gesetze gelten für Wechselstrom
(a.c.) genauso wie für Gleichstrom (d.c.); jedoch müssen die in Abschnitt 1.6 beschriebenen Phasenbeziehungen zwischen Strömen und Spannungen berücksichtigt werden.

Auch das Ohmsche Gesetz ($U = IR$) gilt für Wechselstromschaltungen, wenn die Phasen-
verhältnisse berücksichtigt werden. Eine zweite Darstellungsart des elektrischen Widerstandes ist die als elektrischer *Leitwert* (conductance). Dieser ist der Reziprokwert
des Widerstandes und wird in Siemens ($S = \text{Ohm}^{-1}$) gemessen. In dieser Darstellung
lautet das ohmsche Gesetz $I = GU$, wobei beispielsweise G der Leitwert einer Parallelschaltung von Widerständen R_1, R_2 und R_3 ist und sich einfach aus $G = G_1 + G_2 + G_3$
ergibt.

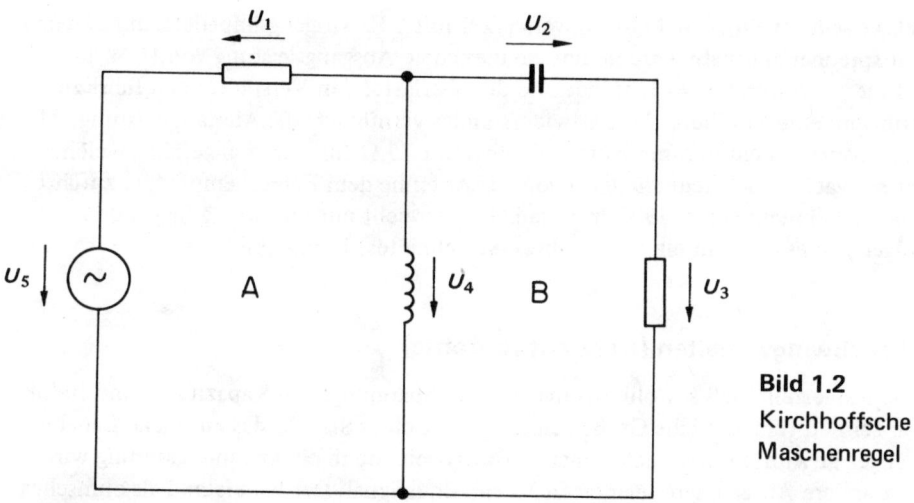

Bild 1.2
Kirchhoffsche
Maschenregel

In elektronischen Schaltungen dienen Widerstände häufig zur Teilung von Spannungen oder Strömen in bestimmten Verhältnissen. Die folgenden Regeln mögen zur Bestimmung ihrer Werte dienen:

Spannungsteiler (voltage divider)

In einer Reihenschaltung von zwei Widerständen fällt an jedem Widerstand jener Bruchteil der Gesamtspannung ab, der dem Verhältnis des betreffenden Widerstandswertes zu der Summe der Widerstände d. h. dem Gesamtwiderstand entspricht.

Stromteiler (current divider)

In einer Parallelschaltung von zwei Widerständen fließt durch jeden Widerstand jener Bruchteil des Gesamtstromes, der dem Verhältnis des Wertes des *anderen* Widerstandes zur Summe der beiden Widerstände entspricht. Man beachte jedoch, daß sich der Widerstand R dieser Parallelschaltung von R_1 und R_2 aus $R = R_1 R_2 / (R_1 + R_2)$ ergibt!

Diese Regeln finden beispielsweise ihre Anwendung in den Rückkopplungsschaltungen im 5. Kapitel, wo ein Teil der Ausgangsspannung oder des Ausgangsstromes an den Eingang rückgeführt wird.

Ein weiterer Lehrsatz der Elektrotechnik wird in der Elektronik vielfach angewendet: Die durch die Belastung einer Spannungsquelle in Wärme umgesetzte Leistung erreicht dann ihr Maximum, wenn der Wert des Lastwiderstandes gleich dem Innenwiderstand der Spannungsquelle ist.

Man sagt dann, daß der *Lastwiderstand* (load resistance) der Ausgangsimpedanz der Quelle angepaßt ist oder daß der *Quellenwiderstand* (source resistance) dem Eingangswiderstand der Last angepaßt ist. (Der Begriff Impedanz wird im Abschnitt 1.7 erklärt.)

Beispielsweise muß ein 10-W-Leistungsverstärker mit 8-Ω-Ausgangsimpedanz durch einen 8-Ω-Lautsprecher angepaßt werden, um die maximale Ausgangsleistung von 10 W abzugeben. Eine Verringerung des Lastwiderstandes überlastet den Verstärker und führt zu Verzerrungen; eine Erhöhung des Lastwiderstandes vermindert die Ausgangsleistung. Als weiteres Beispiel sei ein Fernseh-Antennenkabel mit 75 Ω Impedanz angeführt, welches das sehr schwache Hochfrequenzsignal von der Antenne dem Fernsehempfänger zuführt. Wenn das Kabel nicht genau 75 Ω Impedanz hat, erreicht nur sehr wenig Signal den Empfänger und es entsteht ein verrauschtes (verschneites) Fernsehbild.

1.2. Einschwingverhalten (transient response)

Es wurde festgestellt, daß sowohl Ströme als auch Spannungen in Kapazitäten und Induktivitäten zeitlich veränderliche Größen sind. Die Art eines Signals, das an solche Bauelemente angelegt wird, muß deshalb genau definiert sein, denn ein Spannungssprung wird eine ganz andere Ausgangsgröße ergeben als ein Sinussignal. Der Widerstand als ohmsches Bauelement beeinflußt die Form des Signals nicht. An den Klemmen des *ohmschen Widerstandes* (resistive component) ist zu jedem Zeitpunkt der Strom der Spannung gemäß dem Gesetz U = RI proportional, d. h. beide zeigen dasselbe Zeitverhalten. Kapazitäten und Induktivitäten haben *Blindanteile* des Widerstandes (reactive components). Der *Blindwiderstand* dieser Bauelemente ist frequenzabhängig (siehe Abschnitt 1.5).

Wird ein Spannungssprung an eine Reihenschaltung von Kapazität und Widerstand angelegt, entsteht die im Bild 1.3 skizzierte Ausgangsspannung. Die Kirchhoffsche Maschenregel ergibt: $u_S = u_C + u_R = u_C + Ri = u_C + RC du_c/dt$. Diese Differentialgleichung hat die Lösung

$$u_C = - U_S \exp \left(- \frac{t}{RC} \right) + U_S$$

$$= U_S \left[1 - \exp \left(- \frac{t}{RC} \right) \right]$$

$$u_R = U_S \exp \left(- \frac{t}{RC} \right)$$

Mit *Differentialrechnung* bezeichnet man in der Mathematik Operationen mit infinitesimal (unmeßbar) kleinen Größen, die mit dem Ausdruck d/dt (dem Differentialquotienten oder der Ableitung nach der Zeit) beschrieben werden. Viele Anwendungen von Operationsverstärkern, die im Kapitel 7 und 8 beschrieben werden, ermöglichen die Durchführung dieser Operationen. Die Exponentailfunktion $y = e^x = \exp(x)$ hat den im Bild 1.3 gezeigten Verlauf. Das Produkt RC heißt *Zeitkonstante* dieser Schaltung. Während dieses Zeitraumes erreicht die Größe 63 % ihres Endwertes, während 3 RC 95 % und während 5 RC 99,3 %. In jedem Zeitintervall RC wächst U_C um 63 % des jeweiligen Abstandes zum Endwert, so daß U_S theoretisch nie erreicht wird. Wird eine stufenförmige Spannung (Sprungfunktion) an eine Induktivität angelegt, so steigt der Strom, wie in Bild 1.4 skizziert, exponentiell an.

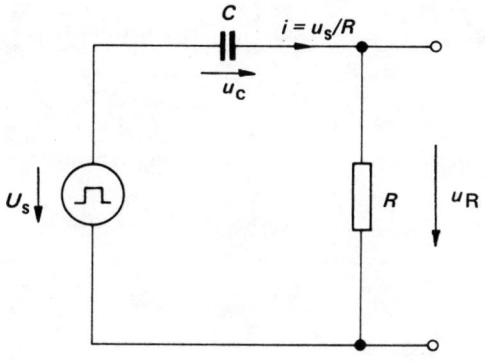

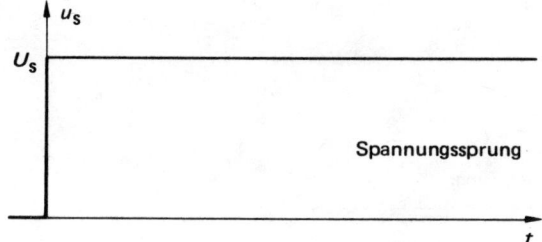

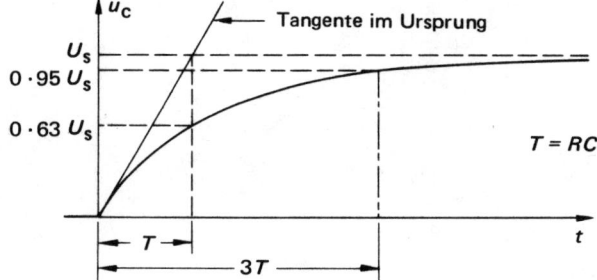

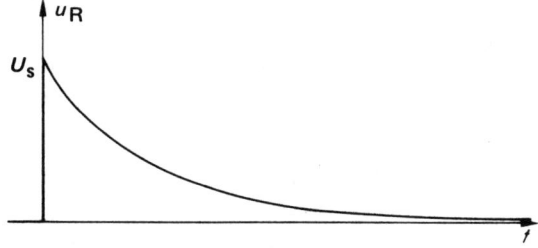

Bild 1.3. Aufladevorgang eines Kondensators über einen Widerstand mit einem Spannungssprung

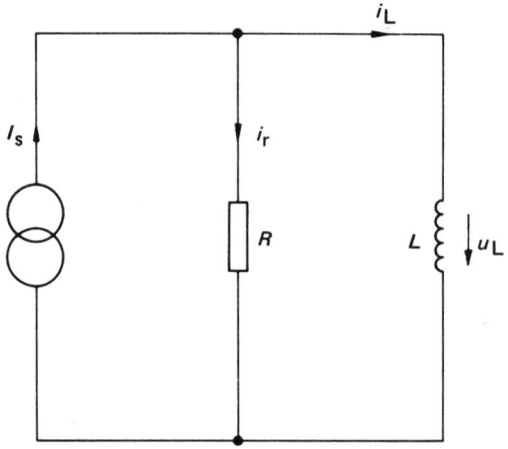

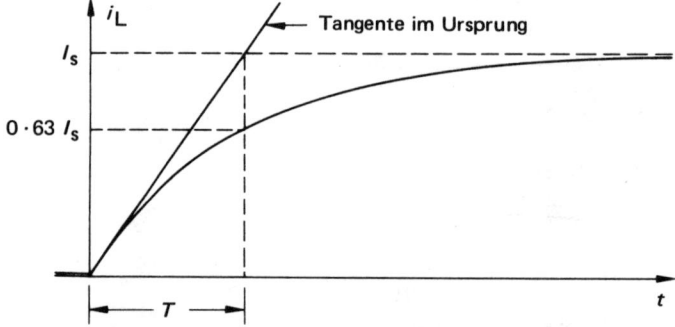

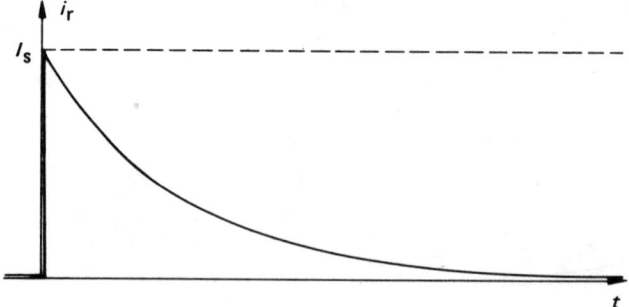

Bild 1.4. Einschaltverhalten einer RL-Parallelschaltung bei einem Stromsprung

Die Kirchhoffsche Knotenregel liefert:

$$I_S = i_r + i_L$$

$$= \frac{U}{R} + i_L$$

$$= \frac{L}{R} \frac{di_L}{dt} + i_L$$

Diese Differentialgleichung hat die Lösung

$$i_L = \frac{I_S}{1 - \exp\left(-\dfrac{tR}{L}\right)}$$

und

$$i_r = I_S \exp\left(-\frac{tR}{L}\right).$$

Die Zeitkonstante hat den Wert L/R Sekunden.

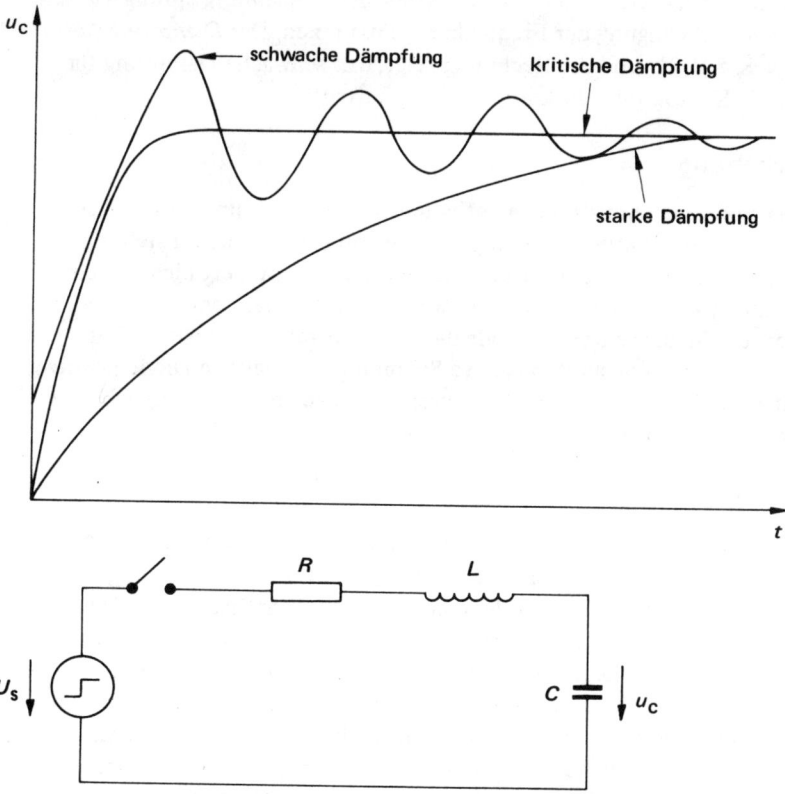

Bild 1.5. Einschaltverhalten einer RLC Serienschaltung

1.3. R-L-C Einschaltverhalten

Wird eine Sprungfunktion an eine Reihenschaltung aus Widerstand, Kapazität und Induktivität angelegt, so entstehen je nach dem Wert von R verschiedene Kurvenformen, die verschieden starken *Dämpfungen* (damping) entsprechen (Bild 1.5). Mit einem großen ohmschen Widerstand ist der Kreis *stark gedämpft* (overdamped) und braucht lange Zeit, um seinen endgültigen Zustand zu erreichen (Aufladen von C über R). Mit einem kleinen Widerstand ist der Kreis *schwach gedämpft* (underdamped) und es entsteht als *Einschwingvorgang* (ringing) eine abklingende sinusförmige Schwingung, die bei *kritischer Dämpfung* (critical damping) durch den Serienwiderstand gerade noch nicht entsteht. Dem Schwingkreis wird beim Einschalten Energie zugeführt, die harmonisch zwischen Kondensator und Spule hin- und herschwingt. Aus der Kirchhoffschen Maschenregel findet man für den ungedämpften Kreis

$$u_C = U_S \left[1 - \cos \frac{t}{\sqrt{LC}} \right]$$

wobei $\sqrt{1/LC}$ die *Eigen-(Kreis)-frequenz* (natural frequency) ist und mit ω_0 bezeichnet wird. Der Einschwingvorgang setzt sich aus einem konstanten Spannungssprung U_S und einer überlagerten Sinusschwingung der Frequenz ω_0 zusammen. Der *Dämpfungsfaktor* (damping factor) ist $K = R/2L$ und die Rechnung zeigt, daß schwache Dämpfung für $K^2 < \omega_0^2$, kritische für $K = \omega_0$ und starke für $K > \omega_0$ auftritt.

1.4. Klammerschaltung

Viele Signale in elektronischen Schaltungen enthalten eine Wechsel- und eine Gleichspannungskomponente. Die *Klammerschaltung* (d.c. restorer) dient zur Einstellung des Gleichspannungswertes, während die Wechselamplitude unverändert bleibt. Meist wird die Gleichspannungskomponente auf einen Wert festgelegt, der dem oberen oder unteren Spitzenwert des Signals entspricht, wie dies Bild 1.6 zeigt. Hier lädt sich der Kondensator auf eine zeitlich konstante negative Spannung auf, weil die Diode positive Spannungen zur Masse ableitet und so die Ausgangsspannungen an einen vorgegebenen Bezugswert *klammert* (to clamp).

1.5. Lineares Verhalten

In Bild 1.7 ist oben der Zusammenhang zwischen der anliegenden Spannung und dem Strom durch einen bestimmten ohmschen Widerstand angegeben. Strom und Spannung sind einander proportional. Man nennt einen Widerstand, dessen Strom-Spannungskennlinie geradlinig wie in dem genannten Bild verläuft, einen linearen Widerstand. In den folgenden Kapiteln finden sich zahlreiche Schaltungen, die ebenfalls eine lineare Charakteristik aufweisen. Die skizzierten Kennlinien einer Diode (eine ausführliche Beschreibung folgt im 5. Kapitel) und des Eisenkernes eines Transformators sind in weiten Bereichen *nichtlinear* (nonlinear). Die Kurvenform des Ausgangssignals entspricht in jenen Bereichen nicht der des Eingangssignals d.h. durch das Bauelement werden Verzerrungen hervorgerufen. Wie man aus dem Verhalten des Eisenkerns in Bild 1.7 sieht, ist es notwendig, im

Aufnahmekopf eines
Magnetbandgerätes eine
konstante hochfrequente
Schwingung vorzusehen,
um das niederfrequente
Signal aus dem nicht-
linearen Bereich in der
Nähe des Ursprungs in
den weiter oben liegen-
den linearen Bereich zu
verschieben, in dem keine
Verzerrungen auftreten.

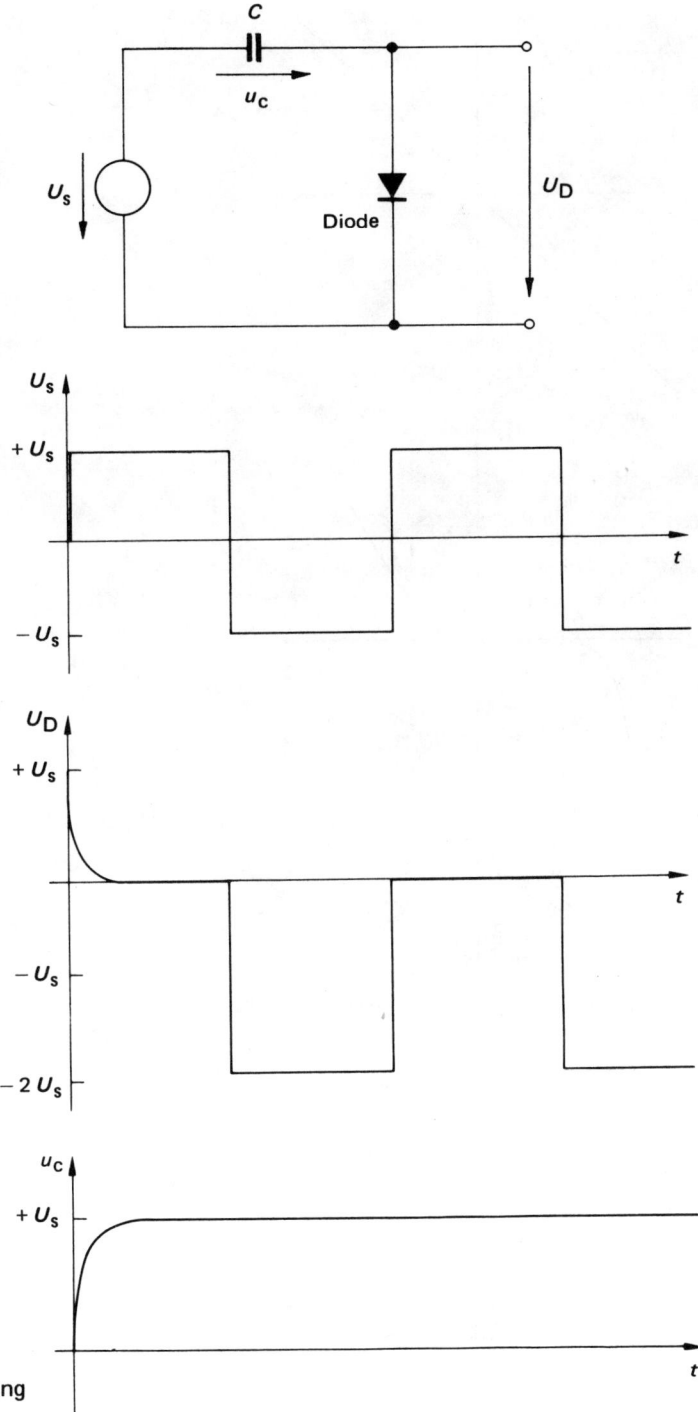

Bild 1.6. Klammerschaltung

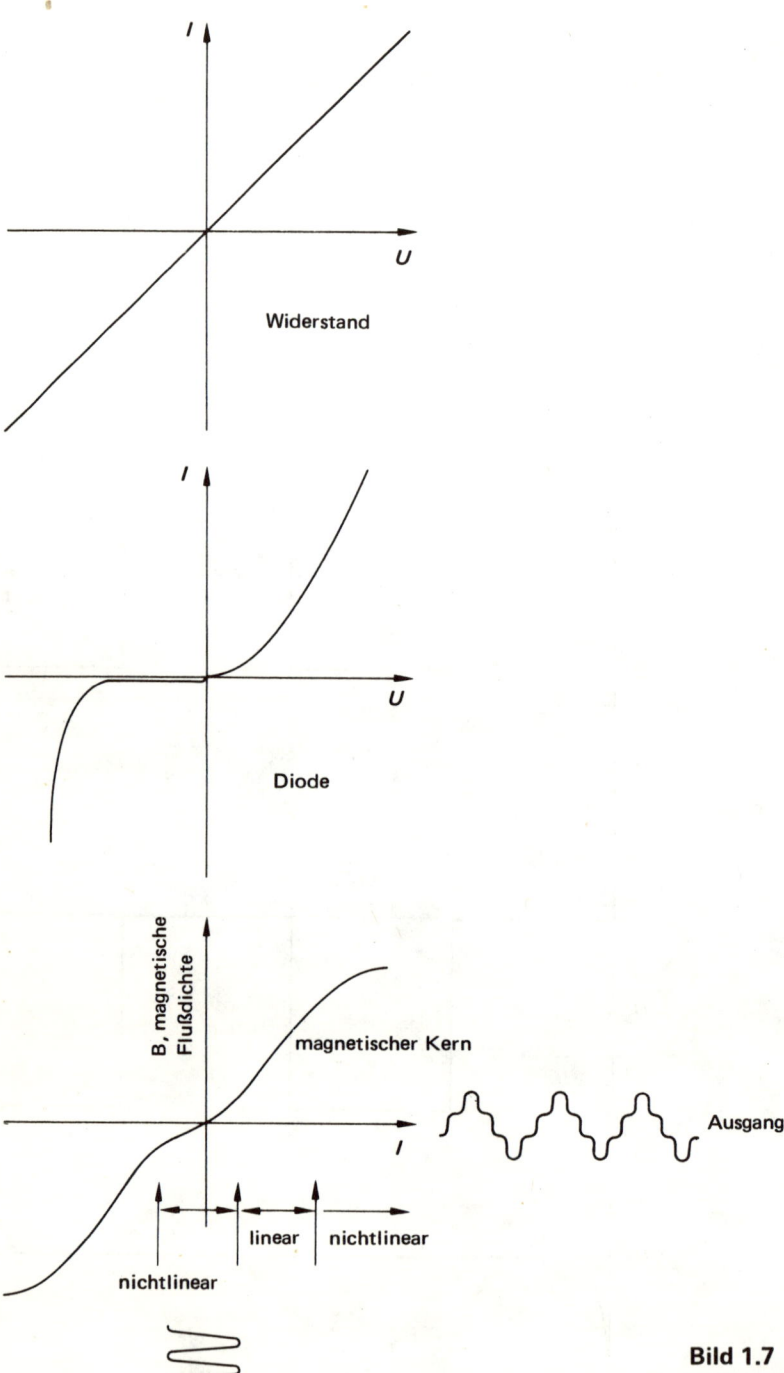

Widerstand

Diode

Bild 1.7
Lineares und nichtlineares
Verhalten

Zwei Prinzipien kennzeichnen lineare Schaltungen:

Das Linearitätsprinzip (principle of homogeneity)

Wird das Eingangssignal eines linearen Netzwerkes mit einem konstanten Faktor multipliziert, so entsteht ein mit demselben Faktor multipliziertes Ausgangssignal. Wird z. B. aus der Eingangsfunktion $\sin x$ das Ausgangssignal $\cos x$, dann ergibt $3 \sin x$ am Ausgang $3 \cos x$.

Das Überlagerungsprinzip (principle of superposition)

Werden am Eingang eines linearen Netzwerkes zwei Signale gleichzeitig angelegt, so entsteht am Ausgang dasselbe Summensignal, das auch durch getrenntes Anlegen der Eingangssignale und Summation am Ausgang entstanden wäre.

Wenn beispielsweise das Anlegen von 1 am Eingang am Ausgang e^{-x} und $\sin x$ am Eingang am Ausgang $-\cos x$ ergibt, so entsteht durch das Eingangssignal $1 + \sin x$ am Ausgang $e^{-x} - \cos x$.

1.6. Sinusförmige Signale

Die Funktionen $\sin x$ und $\cos x$ wurden bereits erwähnt; sie sind im Bild 1.8 dargestellt und Amplitude, Spitzenwert, Effektivwert usw. eingezeichnet. In der Mathematik stellt man sie mit $M \sin(\omega t + \phi)$ und $M \cos(\omega t + \phi)$ dar, wobei M die Amplitude und ω die *Kreisfrequenz* (angular frequency) bezeichnet. Der Phasenwinkel ϕ (phase angle) ist für den gezeichneten sin und cos jeweils Null, jedoch ist er $90°$ zwischen cos und sin; es besteht eine Phasenverschiebung von $90°$ zwischen diesen beiden Signalen. Die Frequenz f des Signals wird in Hertz angegeben und ist durch $\omega = 2\pi f$ mit der Kreisfrequenz verknüpft. Die Periodendauer $T = f^{-1}$ ist die Zeit (in Sekunden), bis zu der sich die Signalform wiederholt.

Die Phase eines Sinus, der den Spitzenwert früher als ein Bezugs-Sinussignal erreicht, heißt *voreilend* (leading). Trifft er später ein, so spricht man von *nacheilender* (lagging) Phase (Bild 1.8). Der Phasenwinkel eines voreilenden Signals ist positiv, eines nacheilenden negativ. Im Bild 1.8 eilt der Kosinus dem Sinus vor.

Widerstand, Kapazität und Induktivität zeigen folgendes Verhalten bei sinusförmigen Signalen:

$$\text{Widerstand:} \quad \text{(i mit u in Phase)} \qquad i = I \cos \omega t$$
$$u = RI \cos \omega t$$

$$\text{Kapazität:} \quad \left(i \text{ eilt } u \text{ um } \frac{\pi}{2} \text{ vor} \right) \qquad u = U \cdot \cos \omega t$$
$$i = C \frac{du}{dt}$$
$$= \omega CU \cos\left(\omega t + \frac{\pi}{2}\right)$$

$$\text{Induktivität:} \quad \left(u \text{ eilt } i \text{ um } \frac{\pi}{2} \text{ vor} \right) \qquad i = I \cos \omega t$$
$$u = L \frac{di}{dt}$$
$$= \omega LI \cos\left(\omega t + \frac{\pi}{2}\right)$$

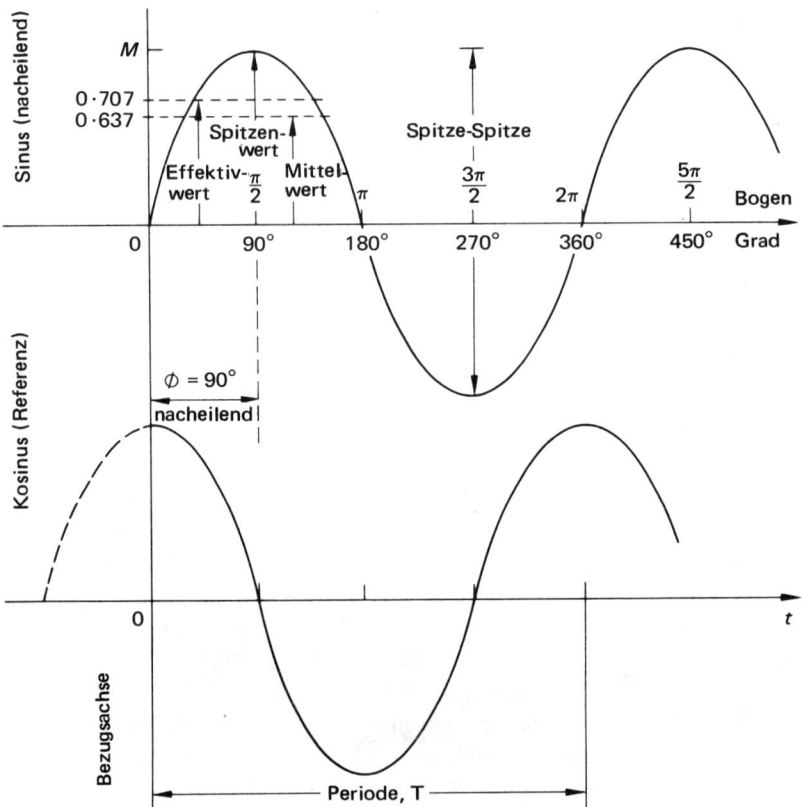

Bild 1.8. Sinus- und Kosinus-Wellenformen

Abgesehen von der Phasenbeziehung ist das Verhältnis u/i für den Widerstand R, den Kondensator $1/\omega C$ und die Spule ωL. Diese Größen sind der Betrag der *Reaktanz* der Bauelemente in Ohm. Aus obigen Formeln erkennt man wegen $\omega = 2\pi f$, daß sich die Kapazität für hohe Frequenzen wie ein Kurzschluß und für niedrige wie eine Unterbrechung des Kreises (Leerlauf) auswirkt. Umgekehrt wirkt die Induktivität für niedere Frequenzen als Kurzschluß und für hohe als Leerlauf.

1.7. Komplexe Zahlen und Zeiger

In vielen elektronischen Schaltungen werden eine Reihe sinusförmiger und gleichfrequenter Signale mit verschiedenen Amplituden und Phasen verarbeitet. Es bedarf eines großen mathematischen Aufwandes, um das entstehende Ausgangssignal zu berechnen. Die Darstellung als *komplexer Zeiger oder Phasor* vereinfacht die Rechnung wesentlich. In einem *Zeigerdiagramm* werden die Amplitude einer Sinusschwingung als Länge des Zeigers und ihre Phase als Winkel dargestellt, den der Zeiger mit einer im Normalfall horizontalen Bezugsachse einschließt, wie dies Bild 1.9 zeigt. Dieser komplexe Zeiger M hat die Amplitude m und den Phasenwinkel ϕ. Mehrere Zeiger werden nach den Gesetzen der Vektoraddition summiert; etwa die Spannungen oder Ströme gemäß den Kirchhoffschen Gesetzen in Netzwerken. Die Phasenverschiebung durch Induktivitäten, Widerstände und Kapazitäten beträgt jeweils 90° oder $\pi/2$ im Bogenmaß (siehe Bild 1.8).

Es ist vorteilhaft, Phasoren als *komplexe Zahl* (complex number) zu schreiben; der Zeiger im Bild 1.9 entspricht dabei der komplexen Zahl $x + jy$.

Die horizontale Achse ist die reelle Achse und die vertikale die imaginäre. Die Maßeinheit der imaginären Achse wird nach oben mit $+j$ und nach unten mit $-j$ aufgetragen. Die imaginäre Einheit ist $j = \sqrt{-1}$, woraus $j^2 = -1$ und $-j = 1/j$ folgt. M schließt mit der Bezugsachse den Winkel ϕ ein und aus der Definition des Tangens folgt $\tan \phi = y/x$ oder $\phi = \arctan y/x$. Die Funktion Arcustangens besagt, daß ϕ der Winkel ist, dessen Tangens den Wert y/x hat.

Wenn M die Amplitude (= Zeigerlänge) m hat, so ergibt sich:

$$x = m \cos \phi \quad \text{und} \quad y = m \sin \phi \quad \text{und} \quad m = (x^2 + y^2)^{1/2} .$$

Die drei verschiedenen Grundbauelemente ergeben folgende Zeigerdiagramme:

Ohmscher Widerstand: Spannung und Strom sind in Phase: $\phi = 0$; $y = 0$.

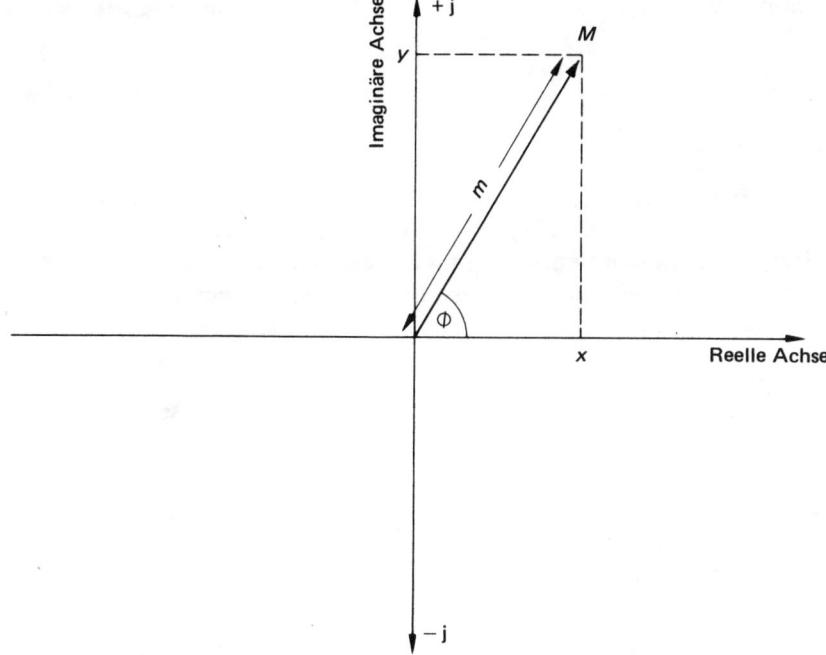

Bild 1.9. Phasor-(Zeiger)-Diagramm

Induktivität: Auf den Strom I bezogen ist der komplexe Spannungszeiger ωL I $\lfloor\pi/2$ (der Haken $\llcorner$ bezeichnet das Argument der komplexen Zahl), die Reaktanz ist ωL $\lfloor\pi/2$ oder als komplexe Zahl $j\omega L$.

Kapazität: Aus der Spannung U resultiert der Phasor des Stromes ωCU $\lfloor\pi/2$, die Reaktanz ist $1/\omega C$ $\llcorner-\pi/2$, als komplexe Zahl geschrieben $-j/\omega C = 1/j\omega C$.

Es muß immer eine Bezugsachse angenommen werden. Bildet der Stromzeiger die Einheit der reellen Achse, so gibt wegen U = Z I der Spannungszeiger die Impedanz Z an, die sich aus *Resistanz* (Realteil R) und *Reaktanz* (Imaginärteil X) zusammensetzt:

$$Z = R + jX.$$

Die komplexe Admittanz Y ist der Reziprokwert von Z und setzt sich aus *Konduktanz* (Realteil G) und *Suszeptanz* (Imaginärteil B) (Y = G + jB.) zusammen. Die Impedanz bzw. Admittanz einiger Bauelemente beträgt:

Widerstand R:	$Z = R$	$Y = G = 1/R$
Kapazität C:	$Z = jX = 1/j\omega C$	$Y = jB = j\omega C$
Induktivität L:	$Z = jX = j\omega L$	$Y = jB = 1/j\omega L$
Serienschaltung RL:	$Z = R + j\omega L$	$Y = 1/Z$
Serienschaltung RC:	$Z = R - j/\omega C$	$Y = 1/Z$
Serienschaltung RLC:	$Z = R + j\omega L - j/\omega C$	$Y = 1/Z$
Parallelschaltung RLC:	$Z = 1/Y$	$Y = 1/R + j\omega C - j/\omega L$

1.8. Frequenzverhalten

Die oben angeführten Impedanzen und Admittanzen beschreiben das Verhalten von Schaltungen bei einer Frequenz. Werden Signale verschiedener Frequenz angelegt, so besteht das Mischsignal bei linearen Netzwerken aus den einzelnen Frequenzkomponenten. Ein Mischsignal von zwei Signalen der gleichen Frequenz aber verschiedener Phase ergibt eine gleichfrequente Schwingung derselben Frequenz. Oft interessiert das Verhalten einer Schaltung in einem Frequenzband, wie dies z. B. der Abstimmbereich eines Rundfunk-empfängers ist. Schaltungen, die nur einen bestimmten, oft schmalen Frequenzbereich durchlassen oder sperren, heißen *Filter*. Der Bereich der durchgelassenen Frequenzen heißt *Durchlaßbereich* (passband), der Rest *Sperrbereich* (stopband). Das Verhältnis der vom Netzwerk übertragenen Spannung zur Eingangsspannung wird graphisch dargestellt und Frequenzübertragungsverhalten (frequency response) genannt; es wird noch oft im weiteren Text bei Beschreibung von Filtern, Verstärkern und Funktionsgeneratoren vorkommen.

Die Ausgangsgröße eines Netzwerkes wird oft in Volt, Ampere oder Watt gemessen; ihr Verhältnis gegenüber den Eingangsgrößen kann zwischen Bruchteilen von 1 bis zu vielen tausend Einheiten liegen. Daher wird die Dämpfung oder die Verstärkung zweckmäßiger-weise in einem logarithmischen Maß, nämlich in Bel oder Dezibel (dB) ausgedrückt. (Der

Name stammt vom Erfinder des Telefons, Alexander Graham Bell.) Da der dekadische Logarithmus (log) des Leistungsverhältnisses die Verstärkung in Bel, eine sehr große Maßeinheit ist, verwendet man in der Praxis das Dezibel.

$$\text{Spannungsgewinn} = 20 \log \frac{U_{Ausg.}}{U_{Eing.}} \text{ dB}$$

$$\text{Stromgewinn} = 20 \log \frac{I_{Ausg.}}{I_{Eing.}} \text{ dB}$$

$$\text{Leistungsgewinn} = 10 \log \frac{P_{Ausg.}}{P_{Eing.}} \text{ dB}$$

Dabei sind die beiden ersten Definitionen aus dem Leistungsgewinn unter der Voraussetzung abgeleitet, daß Eingangs- und Ausgangswiderstand gleich sind.

So hat beispielsweise ein Verstärker, der bei einer Eingangsspannung von 1 mV am Ausgang 1 V abgibt, einen Spannungsgewinn von 1 000 oder 20 log 1 000 = 60 dB.

Ähnlich findet man für ein Netzwerk, das die Leistung auf die Hälfte herabsetzt, eine Abschwächung von $10 \log \frac{1}{2} = -10 \log 2 = -10 \cdot 0,301 = -3,01$ dB. Eine Spannungsdämpfung auf die Hälfte ergibt $20 \log \frac{1}{2} = -6,02$ dB.

Die Ordinate der Kurven des Frequenzverhaltens wird meist in dB aufgetragen. Die *Leistungsbandbreite* liegt zwischen den Frequenzen, bei denen die Signalamplitude gegenüber dem Maximum um 3 dB abgenommen hat (half power points). Da die Leistung das Produkt aus Spannung × Strom ist, erhält man die halbe Leistung aus

$$\frac{P}{2} = \frac{UI}{2} = \frac{U}{\sqrt{2}} \cdot \frac{I}{\sqrt{2}} = 0,707 \, U \cdot 0,707 \, I.$$

Die Bandbreite kann daher auch wie in Bild 1.10 als der Abstand der Punkte definiert werden, bei denen die Spannung oder der Strom auf das 0,707fache ihres Maximalwertes gefallen sind.

Im Bild 1.10 wird auch das Tief- und Hochpaßverhalten skizziert, das gemäß Abschnitt 1.6 der Spannungsteilung durch RC und RL Serienschaltungen entspricht.

Ein RLC Serienkreis zeigt das Einschwingverhalten in Bild 1.5 als Antwort auf eine Sprungfunktion. Für sinusförmige Spannungen entsteht hier eine Frequenzabhängigkeit des Stromes, der von f = 0 anwächst, bei *Resonanzfrequenz* (resonant frequency) sein Maximum erreicht und für f → ∞ wieder auf Null abnimmt. Bild 1.11 zeigt ein Zeigerdiagramm, mit dessen Hilfe die Resonanzfrequenz verdeutlicht wird. Bei tiefen Frequenzen ist der Zeiger von $1/j\omega C$ sehr lang und bei hohen überwiegt der von $j\omega L$. Bei der Resonanzfrequenz ω_0 sind diese zwei Phasoren gleich lang und entgegengesetzt, ihre vektorielle Addition liefert keinen Anteil zur Impedanz:

$$\left| j\omega_0 L \right| = \left| \frac{1}{j\omega_0 C} \right| \quad \text{ergibt} \quad \omega_0 = \frac{1}{\sqrt{LC}}$$

$$\text{oder} \quad f_0 = \frac{1}{2\pi \sqrt{LC}} \text{ Hz.}$$

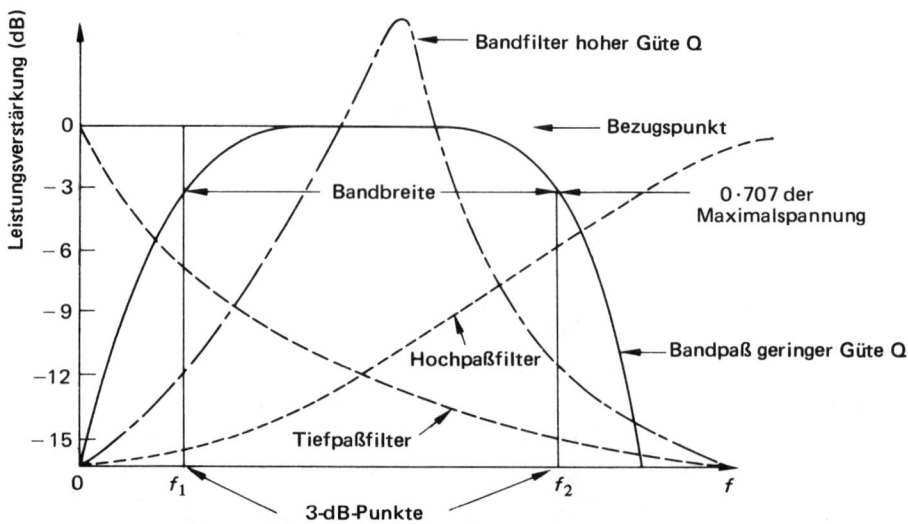

Bild 1.10. Frequenzverhalten von Tiefpaß, Hochpaß und Bandpaß

Diese Schaltung ist ein Bandpaß, dessen Bandbreite durch die Größe R gegeben ist. Der die Bandbreite bestimmende Parameter der Schaltung wird mit *Güte* Q (quality factor, Q factor) bezeichnet

$$Q = \frac{1}{R} \sqrt{\frac{L}{C}} \, .$$

Da die Bandbreite $\Delta\omega = \frac{R}{L}$ ist, kann Q gemäß

$$Q = \frac{1}{\sqrt{LC} \, \frac{R}{L}} = \frac{\omega_0}{\Delta\omega}$$

als Quotient von Resonanzfrequenz ω_0 und Bandbreite $\Delta\omega$ ausgedrückt werden.

Ein Serienresonanzkreis führt bei Resonanz ein Maximum des Stromes und ein Minimum der Spannung; ein Parallelkreis aus Spule, Kondensator und Widerstand zeigt bei Resonanz ein Maximum der Spannung und minimalen Strom.

Die Kurve des Frequenzverhaltens zeigt i.a. *charakteristische (Eck-)Frequenzen* (corner frequencies) und *Grenzfrequenzen* (cut-off frequencies), wie im Bild 1.12 angegeben. Sie spielen bei der Analyse und beim Entwurf von Schaltungen eine bedeutende Rolle.

Wenn als *Grundwelle* (fundamental frequency) eine reine Sinusschwingung der Frequenz f angenommen wird, so hat die *zweite Harmonische* (second harmonic) oder erste Oberwelle die Frequenz 2f, die *dritte Harmonische* (2. Oberwelle) hat 3f usw. Ein dreieckförmiges Signal s(t) (triangular wave) ist aus den ungeradzahligen Harmonischen folgendermaßen zusammengesetzt.

$$s(t) = \frac{8}{\pi^2} \left(\sin \omega t - \frac{1}{9} \sin 3\omega t + \frac{1}{25} \sin 5\omega t - \frac{1}{49} \sin 7\omega t \ldots \right).$$

Bei einer Rechtecksschwingung r(t) (square wave) treten auch nur ungeradzahlige Harmonische in folgendem Verhältnis auf:

$$r(t) = \frac{4}{\pi} \left(\sin \omega t + \frac{1}{3} \sin 3\omega t + \frac{1}{5} \sin 5\omega t + \frac{1}{7} \sin 7\omega t \ldots \right).$$

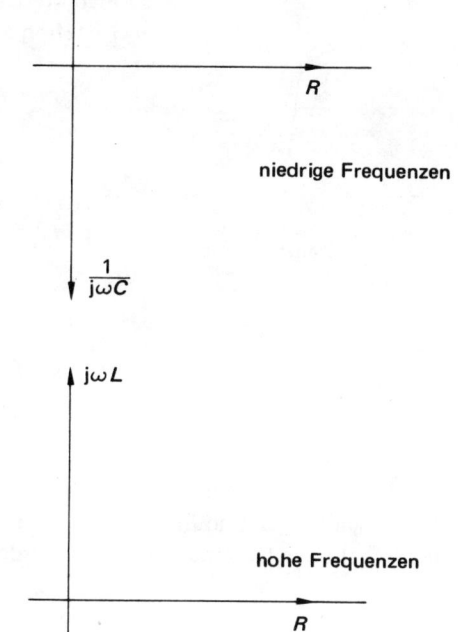

niedrige Frequenzen

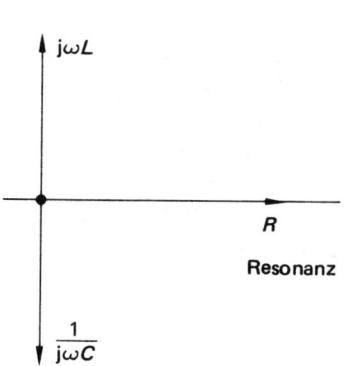

hohe Frequenzen

Resonanz

Bild 1.11

Änderung der
Impedanz der
Schwingkreis-
elemente mit
der Frequenz

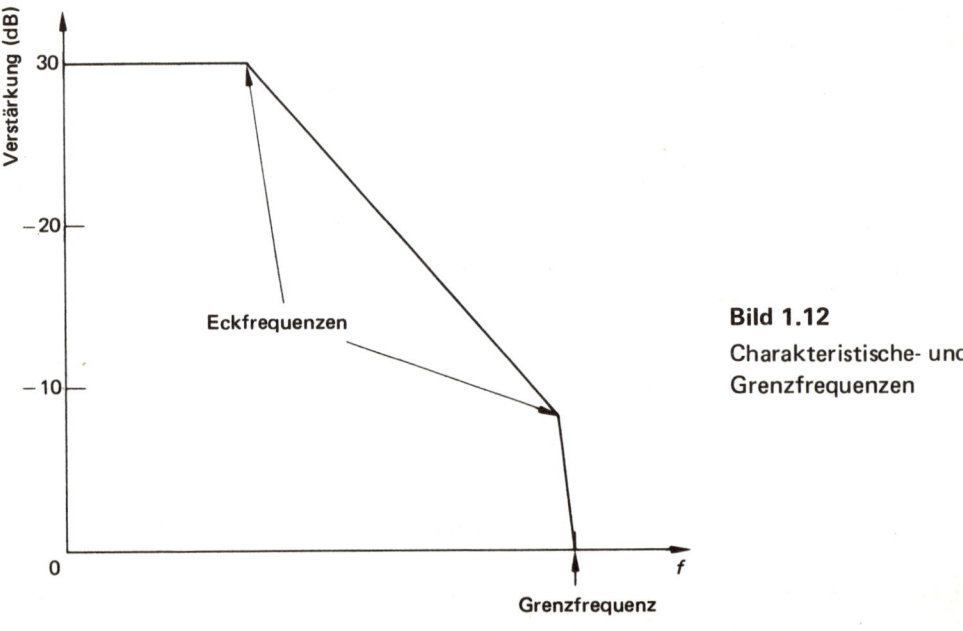

Bild 1.12
Charakteristische- und
Grenzfrequenzen

2. Schaltungsanalyse

Nachdem im 1. Kapitel einfache R-L-C Kreise in ihrem Frequenz- und Einschwingverhalten skizziert wurden, sollen nun kompliziertere Schaltungen und ihr Verhalten bei zusammengesetzten Signalen mit Hilfe verschiedener Schaltungstheoreme behandelt werden, die zur Vereinfachung beitragen.

2.1. Koppelglieder

Die Klammerschaltung im Abschnitt 1.4 hält die Wechselamplitude konstant, aber sie verändert den Gleichspannungspegel. Zahlreiche elektronische Schaltungen, welche Wechselspannungssignale verarbeiten, sind aus Transistoren, Dioden und integrierten Schaltkreisen zusammengesetzt, die für ihre Funktion eine genaue Einstellung ihrer Gleichspannungswerte benötigen. Die Kopplung der einzelnen Stufen kann schwierig sein, da eine direkte galvanische Verbindung der Stufen die kritischen Gleichspannungspegel verändern würde. Deshalb wird oft ein *Koppelkondensator* (coupling capacitor) verwendet, der Gleichspannungen abschnittsweise trennt, Wechselstrom im benötigten Frequenzbereich jedoch durchläßt. Es gibt auch direkt galvanisch gekoppelte Schaltungen (siehe 8. Kapitel), aber ihre Gleichspannungspegel sind äußerst kritisch und sehr leicht durch äußere Einflüsse wie z. B. durch Temperaturschwankungen veränderbar.

Für die Wahl des Koppelkondensators ist das zu übertragende Frequenzband ausschlaggebend, das beispielsweise bei Nachrichtenverbindungen hohe Frequenzen, bei Tonfrequenzverstärkern tiefe Frequenzen enthält und beim Videosignal im Fernsehempfänger ein breites Bildfrequenzband (Videofrequenzen) von mindestens 5,5 MHz umfaßt. Im Tonfrequenzverstärker nimmt man zur Kopplung der Transistoren etwa 10 μF, man benötigt jedoch zum Anschluß des niederohmigen (4–16 Ω) Lautsprechers an die Endstufe mindestens einen 2000-μF-Kondensator. Der direkte Anschluß des Lautsprechers an die Endstufe würde i.a. die Gleichspannungsverhältnisse der Transistorstufe verändern und entweder zu ihrer Zerstörung oder Überlastung führen. Andererseits genügt ein 200-pF-Kondensator als Kopplung für einen Fernseh-Zwischenfrequenzverstärker im Frequenzbereich von 33–40 MHz. Die stets vorhandenen kleinen Streukapazitäten der signalführenden Leitungen einzelner Verstärkerstufen gegen Masse würden die hohen Frequenzen nach Art eines Tiefpasses kurzschließen. Um das auszugleichen oder zu kompensieren, legt man in Reihe mit dem Lastwiderstand eine kleine Induktivität. Ihr induktiver Widerstand steigt bei hohen Frequenzen. Das ergibt einen größeren Gesamtwiderstand für den Ausgangsstrom bei diesen Frequenzen, so daß der Frequenzgang eben bleibt.

2.2. Ersatzschaltbilder

Es können zwei verschiedene Ersatzschaltbilder (ESB) zur Beschreibung einer elektronischen Schaltung verwendet werden: Das *Gleichstrom-Ersatzschaltbild* (d.c. equivalent circuit) nimmt an Stelle von Kondensatoren Unterbrechungen, und anstelle von Spulen Kurzschlüsse an. Im *Wechselstrom-Ersatzschaltbild* (a.c. equivalent circuit) werden i.a. alle Kondensatoren als Kurzschlüsse angesehen. Die Gesamtschaltung (Bild 2.1a) ermöglicht die unabhängige Bestimmung der Gleich- und Wechselgrößen.

Zwei Theoreme vereinfachen diese Schaltungsanalyse: der Satz von *Thévenin* und der von *Norton*. Nach dem Satz von *Thévenin* wird das gesamte Netzwerk als ein Kästchen (black box) betrachtet, an dem nur zwei Ausgangsklemmen zugänglich sind, an denen die Ausgangsspannung U und der Ausgangsstrom I des Netzwerkes auftritt. Im Bild 2.2 zeigt das Ersatzschaltbild (ESB) nach *Thévenin* die Serienschaltung der idealen (lastunabhängigen) Spannungsquelle mit der *Leerlaufspannung* $U_t = U_{oc}$ (open circuit voltage) mit dem *Innenwiderstand* (internal resistance) R_t. Dieser wird aus dem Kurzschlußstrom I_{sc} (short circuit current) gemäß $R_t = U_{oc}/I_{sc}$ gefunden.

Nach dem Theorem von *Norton* wird das Netzwerk durch ein Kästchen ersetzt, in dem sich die Parallelschaltung einer idealen (lastunabhängigen) Stromquelle, die immer den Strom I_n liefert, mit dem Widerstand R_n befindet. R_n ist der Reziprokwert des inneren Leitwertes (internal conductance) und ergibt sich aus $R_n = U_{oc}/I_n$, wobei $I_n = I_{sc}$ und somit $R_t = R_n$ gilt.

Wie diese beiden Theoreme zur Reduktion komplizierter Netzwerke mit Quellen auf eine einfache Spannungs- oder Stromquelle Verwendung finden können, soll Bild 2.3 zeigen: Zuerst wird der Satz von *Norton* verwendet, um die Abschnitte A und B als Stromquellen darzustellen, so daß Bild 2.3b entsteht. Jetzt können die Kurzschlußströme und inneren Leitwerte addiert werden: Die Parallelschaltung von 4 Ω und 12 Ω ergibt $R_n = 3\ \Omega$ im Bild 2.3c. Hier führt das Norton ESB für den Abschnitt C auf $I_n = I_{sc} = 2$ A und

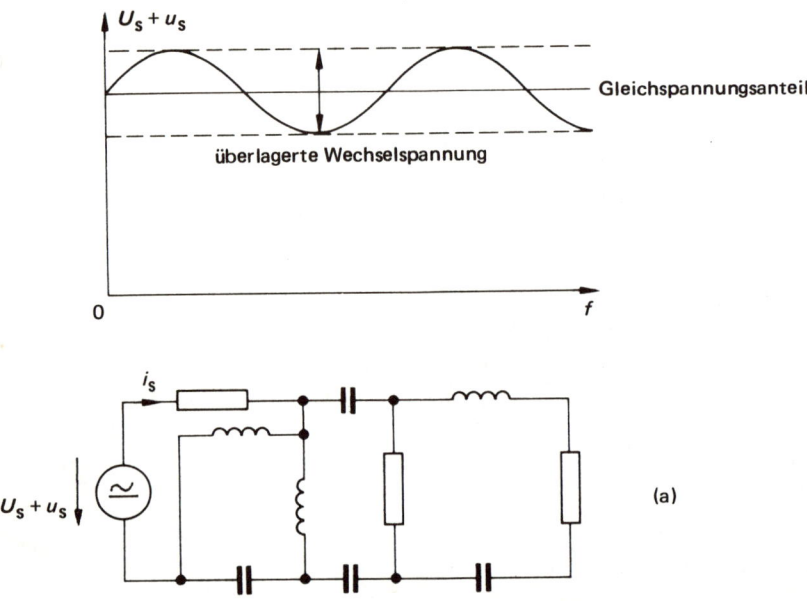

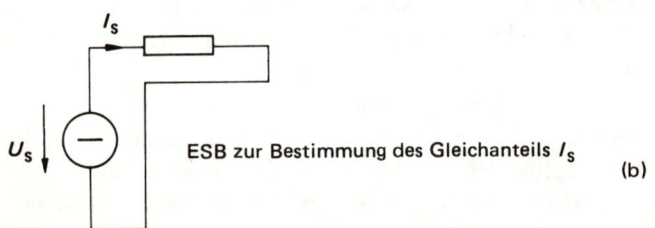

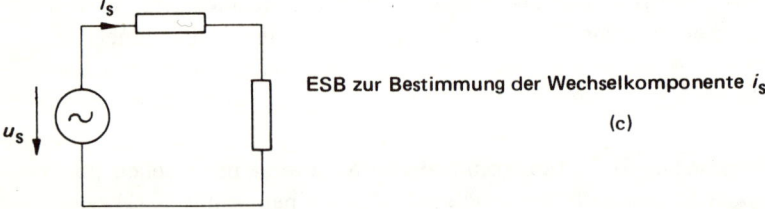

Bild 2.1. Gleichstrom- und Wechselstrom — Ersatzschaltbilder (ESB)

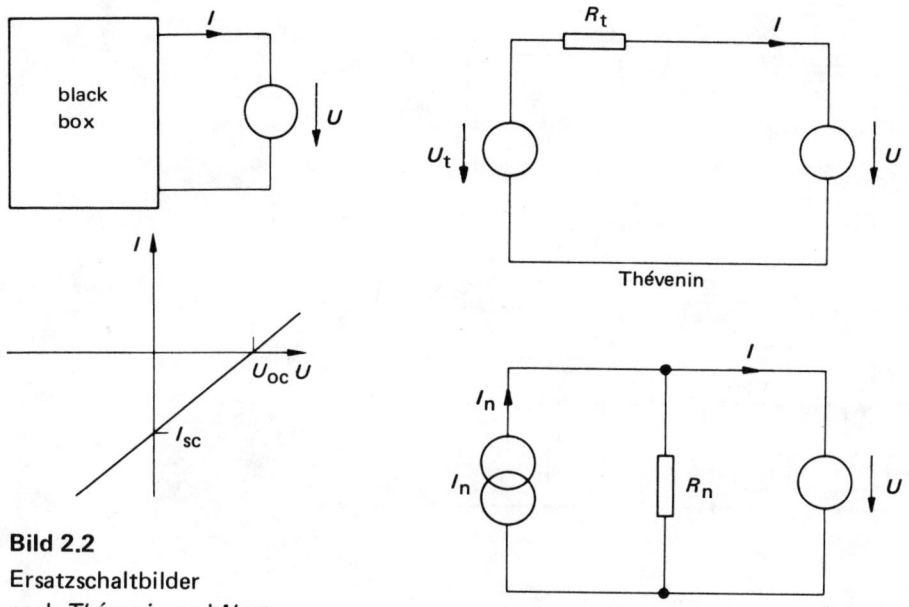

Bild 2.2
Ersatzschaltbilder
nach *Thévenin* und *Norton*

$R_n = U_{oc}/I_{sc} = 6\ \Omega$ mit $U_{oc} = 12$ V. Vom Bild 2.3d führt die Anwendung des Satzes von *Thévenin* auf (e) und weiter *Norton* auf (f).

Wechselstromschaltungen können mit Hilfe dieser beiden Theoreme genauso dargestellt werden, jedoch muß man hier die Phasenbeziehungen berücksichtigen, wie dies Bild 2.4 für eine Reihenschaltung des Kondensators C mit dem Widerstand R zeigt. Die Leerlaufspannung nach *Thévenin* ist hier

$$U_t = \frac{\dfrac{1}{j\omega C}}{R + \dfrac{1}{j\omega C}}\ U = \frac{U}{1 + j\omega CR}$$

und die innere Impedanz aus der Parallelschaltung von R mit C:

$$Z_t = \frac{\dfrac{R}{j\omega C}}{R + \dfrac{1}{j\omega C}} = \frac{R}{1 + j\omega RC}$$

oder

$$Z_t = \frac{U_{oc}}{I_{sc}} = \frac{U}{1 + j\omega RC}\ \frac{R}{U} = \frac{R}{1 + j\omega RC}.$$

22

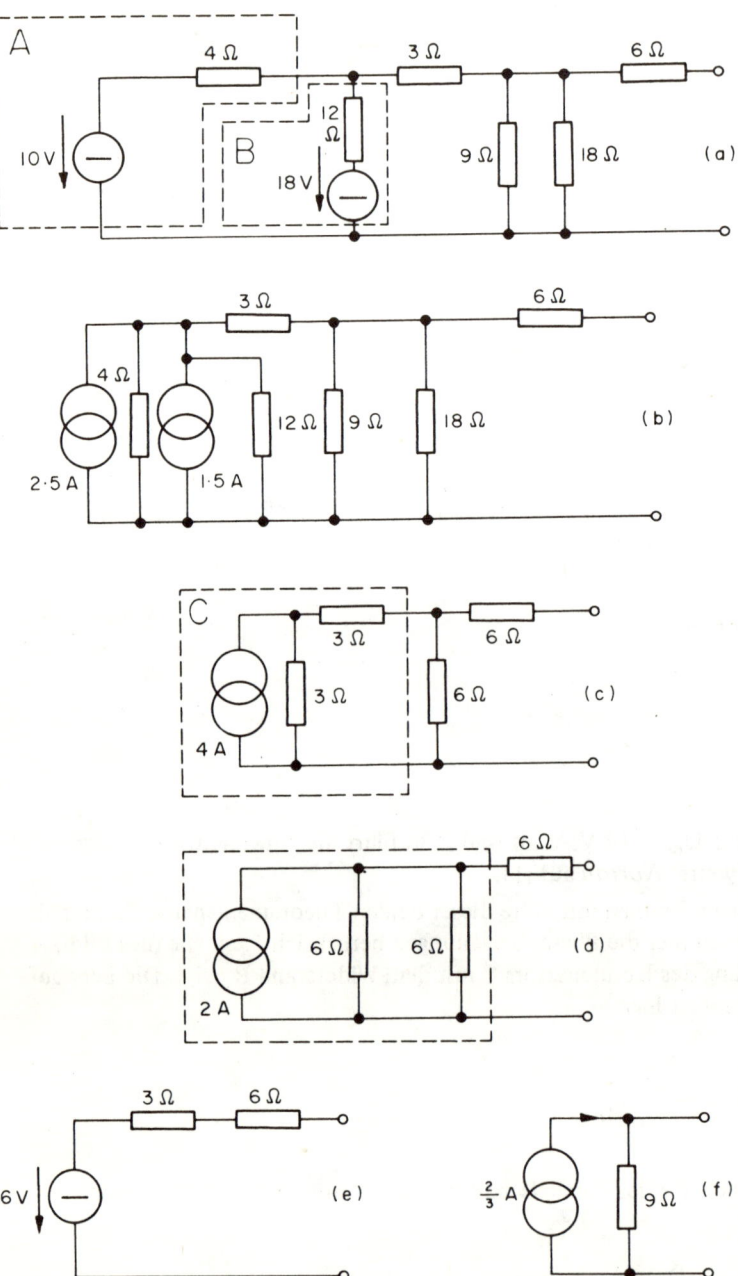

Bild 2.3. Netzwerkvereinfachung mit Hilfe der Schaltungstheoreme

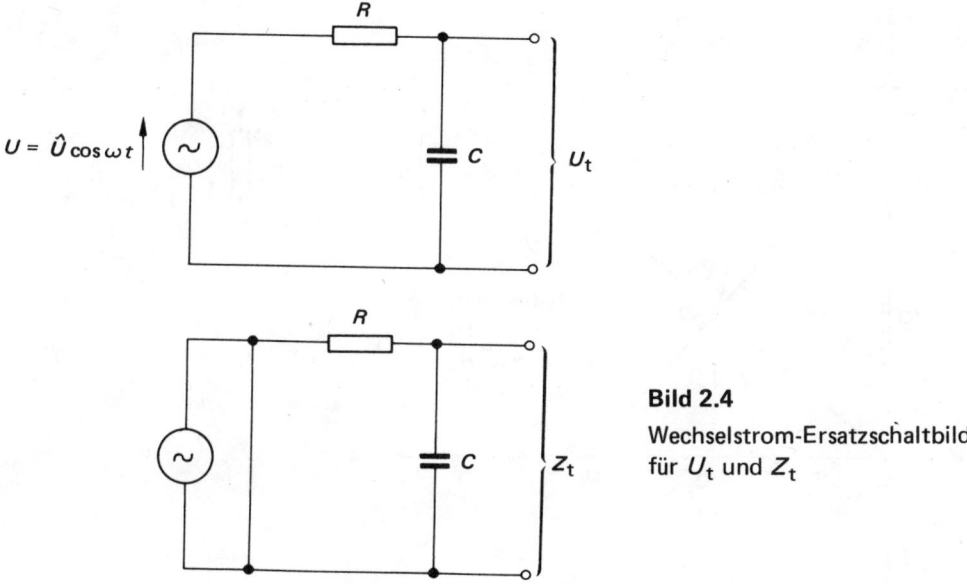

Bild 2.4
Wechselstrom-Ersatzschaltbild
für U_t und Z_t

2.3. Groß- und Kleinsignalverhalten

So wie eine Schaltung in Gleich- und Wechselstrom — Ersatzschaltbild zerlegt werden kann, ist auch eine Charakterisierung bei der Trennung des Verhaltens gegenüber großen Signalen und kleinen (Wechselstrom-)Signalen möglich. Wird an eine Schaltung nur die Betriebsspannung angelegt, so stellt sich der *Arbeitspunkt* (quiescent point, operating point) damit ein. Das Kleinsignalverhalten (small-signal behaviour) kann nun als kleine, signalbedingte Auslenkung um den Arbeitspunkt betrachtet werden.

Das Bild 2.5 zeigt, wie man den Arbeitspunkt (I_Q, U_Q) als Schnittpunkt der *Arbeitsgeraden* (load line), die von der Betriebsspannung U_s ausgeht, mit der *statischen Kennlinie* (static characteristic) des Bauelementes findet. Im Bild 2.5 (b) ist so die Spannungsauftei-lung zwischen einer Diode in Durchlaßrichtung und einem Lastwiderstand beschrieben. Wird der Betriebsspannung ein kleines (Wechsel-)Signal überlagert, so ändert sich der Gleichstrom-Arbeitspunkt nicht, sondern es fällt nur eine kleine Signalspannung an der Diode ab, deren Amplitude durch den Anstieg der Kennlinie im Arbeitspunkt bestimmt ist. Das Kleinsignalverhalten ist also derart charakterisiert, als ob an der Tangente im Arbeitspunkt das Signal gespiegelt würde.

Für die Betrachtung des *Großsignalverhaltens* (large-signal behaviour) wird das Bauelement über seinen ganzen Arbeitsbereich ausgesteuert, das heißt, es wird die ganze Kennlinie durchlaufen. Beispielsweise muß für die Diode hier auch der Sperrbereich betrachtet werden. Sollte sich die gesamte Kennlinie des Bauelementes für die in der Schaltung zu erfüllenden Aufgaben als ungeeignet erweisen, so muß es ersetzt werden.

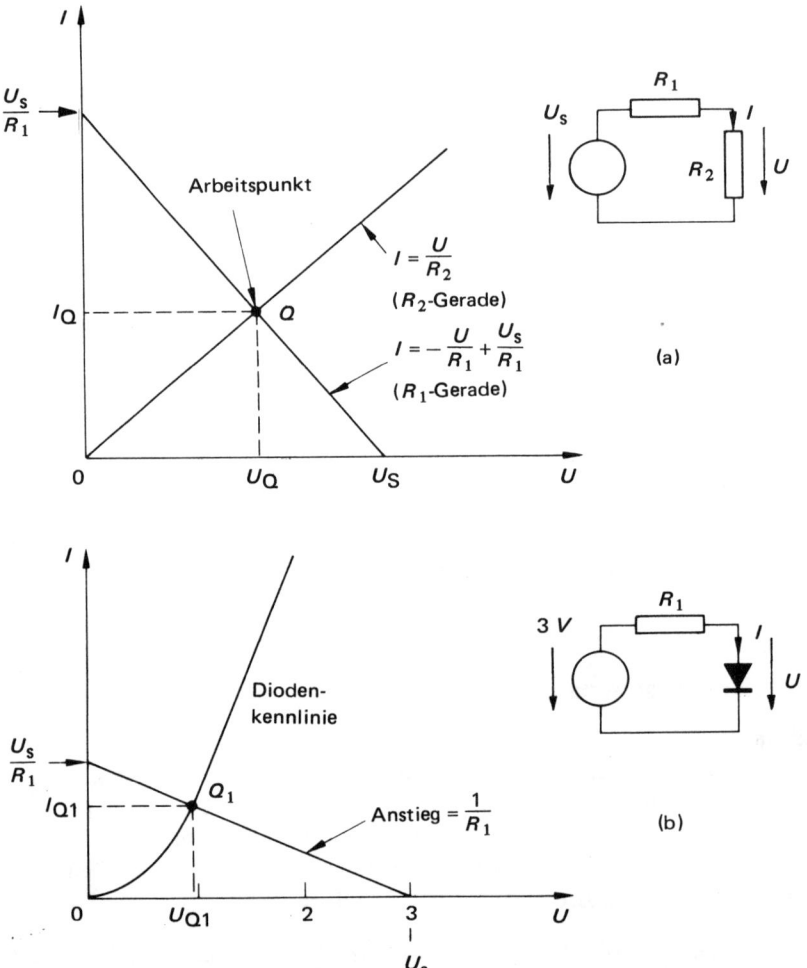

Bild 2.5. Arbeitsgerade und Kennlinie für Widerstand und Diode

Der Transistor wird erst im nächsten Kapitel ausführlicher besprochen, jedoch ist im
Bild 2.6 am Beispiel des Transistors die Aussteuerung entlang der Arbeitsgeraden, d. h.
die Veränderung von Ausgangsspannung und Ausgangsstrom gezeigt, die durch die Veränderung des Eingangs- (Basis-)stromes auftritt. Diese Darstellung zeigt, daß die Ausgangsgrößen sofort bestimmt werden können, wenn das Kennlinienfeld und die Gleichspannungsverhältnisse bekannt sind. Dieses Kleinsignalverhalten wird auch das dynamische
Verhalten des Transistors genannt und dient beim Schaltungsentwurf zur Berechnung der
Werte der Bauelemente und Signalamplituden. Hier bestimmt die Steigung $1/R_L$ der
Arbeitsgeraden das dynamische Verhalten. Die Arbeitsgerade findet man durch Verbindung der Betriebsspannung U_{cc} mit dem Stromwert U_{cc}/R_L auf der Ordinate, der sich

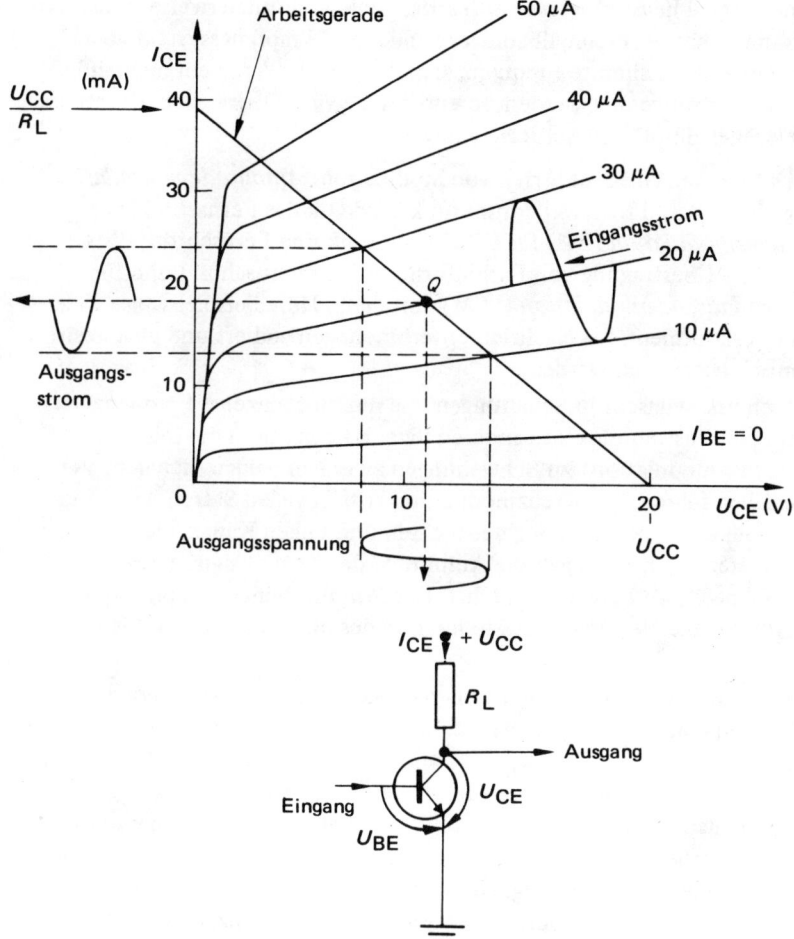

Bild 2.6. Mit einem Widerstand belasteter Transistor

dann einstellen würde, wenn am Transistor keine Spannung abfiele. Im nächsten Kapitel wird gezeigt, daß im Kennlinienfeld auch weitere Arbeitsgeraden eingezeichnet werden können, die jeweils die Gleich- und Wechselstromverhältnisse beschreiben.

2.4. Modulation

In der Elektronik spielt die *Modulation* eines sinusförmigen Signals mit einem anderen eine große Rolle. Das Modulationssignal hat meist veränderliche Amplitude und Frequenz, wie etwa ein Sprach-, Musik- oder Videosignal. Es kann auch in Pulsform mit 2 bestimmten Amplitudenwerten und beispielsweise veränderlicher Pulsdauer vorliegen.

Das zu modulierende Signal heißt *Trägersignal* (carrier) und ist normalerweise sinusför-
mig, denn nur so kann es über ein schmalbandiges Sende- und Empfangssystem übertragen werden, das auf eine bestimmte Frequenz abgestimmt ist. Würde ein nichtsinus-
förmiges Signal als Träger verwendet werden, so entstünden viele Oberwellen, die starke
Störungen nahe gelegener Empfänger verursachen würden.

Wie Bild 2.7 zeigt, gibt es verschiedene Arten von Modulation: *Amplitudenmodulation*
(AM), die für Lang-, Mittel- und Kurzwellenrundfunk sowie für das Fernsehbild verwendet wird; *Frequenzmodulation* (FM) für UKW-Rundfunk und Fernsehton; *Phasenmodulation* (PM) für die Übertragung von Farbinformation im Fernsehbild und für
Stereo-Rundfunk und *Pulscodemodulation* (PCM), mit deren Hilfe beispielsweise viele
Telefonkanäle bei interkontinentalen Nachrichtenverbindungen codiert und gleichzeitig
und somit ökonomisch übertragen werden.

Modulation ist jedoch unerwünscht in Schaltungen, die nur eine einzelne Frequenz verstärken sollen, denn die Einstreuung eines anderen Signals kann durch die sogenannte
Kreuzmodulation (cross modulation) zu Schwebungen zwischen beiden Signalen, Verzerrungen und Rauschen führen. Die Kreuzmodulation tritt in vielen Stereo-Anlagen
auf, bei denen eine vollkommene Trennung des rechten und linken Kanals nicht erreicht
wird. Ähnlich modulieren Zündstörungen die Amplitude des Fernsehsignals, was zu
weißen Punkten („Schnee") im Fernsehbild führt. Der *Brumm* (hum) im Tonfrequenzverstärker kommt durch eine Netzfrequenz-Modulation des niederfrequenten Signals
zustande.

Die multiplikative Überlagerung zweier Sinusschwingungen verschiedener Frequenz
erzeugt vier Produktfrequenzen. Wenn derartig z. B. f_1 und f_2 zusammengesetzt werden,
entstehen am Ausgang $f_1, f_2, f_1 + f_2$ und $f_1 - f_2$, wobei die beiden letzten als *Intermodu-
lationsfrequenzen* oder Mischfrequenzen bezeichnet werden. Dieser Vorgang findet
häufig Verwendung in allen Gebieten der Elektronik. Am bekanntesten ist hier der *Über-
lagerungsempfänger* (superhet receiver), bei dem das von der Antenne aufgenommene
Eingangssignal mit dem eines selbstschwingenden Oszillators in der Mischstufe gemischt
wird, wodurch die Intermodulationsprodukte entstehen. Die Differenzfrequenz $f_1 - f_2$
wird als *Zwischenfrequenz* ZF (intermediate frequency IF) ausgefiltert und im Zwischen-
frequenzverstärker weiter verstärkt. In ähnlicher Weise erzeugt ein kleines Transistor-
radio, dessen Lautsprecher zur Wiedergabe tiefer Grundtöne viel zu klein ist, eine Reihe
verschiedener Frequenzen, die durch die Intermodulation von Oberwellen des Grundtones
entstehen, wodurch der Eindruck einer Tiefenwiedergabe entsteht. Diese Art der Zusam-
mensetzung von Frequenzen darf aber nicht mit der Summation zweier Sinusschwingungen derselben Frequenz aber verschiedener Phase verwechselt werden, woraus eine
phasenverschobene Schwingung derselben Frequenz entsteht, hier handelt es sich also
um eine Art Phasenmodulation.

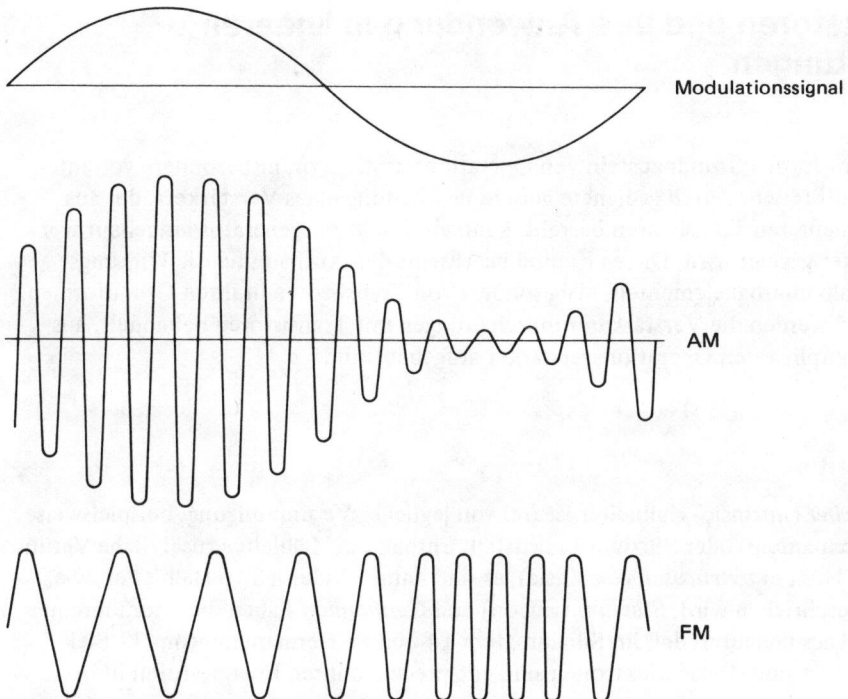

Bild 2.7 (a). Amplituden- und Frequenzmodulation

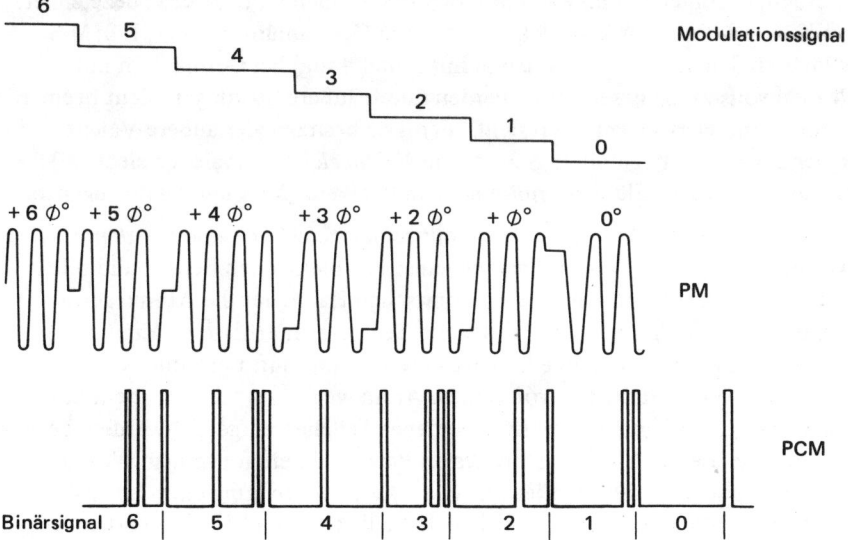

Bild 2.7 (b). Phasen- und Pulscodemodulation

3. Transistoren und ihre Anwendung in linearen Schaltungen

Der Transistor ist der Grundbaustein von Operationsverstärkern, insbesondere von integrierten Schaltkreisen. Durch geeignete äußere Beschaltung eines Verstärkers, der aus einem oder mehreren Transistoren besteht, kann ein Funktionsgenerator aufgebaut werden, wie später gezeigt wird. Dieses Kapitel beschreibt den Aufbau und die Wirkungsweise von Halbleiterbauelementen, insbesondere von Transistoren in ihren Grundformen. Anschließend werden die Verstärkergrundschaltungen mit Transistoren behandelt, aus denen die komplizierten Operationsverstärker aufgebaut sind.

3.1. Halbleiter

Ein *intrinsischer* (intrinsic) Halbleiter ist frei von jeglicher Verunreinigung, beispielsweise ein reiner Germanium- oder Silizium Einkristall. Enthält ein Halbleiter zusätzliche Verunreinigungen, heißt er *extrinsisch* (extrinsic), es sind dann p- oder n-Typ Halbleiter, wie dies später beschrieben wird. *Silizium* (silicon) und *Germanium* haben die Atomnummer 14 bzw. 32. Dies bedeutet, daß im Siliziumatom 14 und im Germaniumatom 32 Elektronen enthalten sind. Diese Elektronen sind entsprechend ihren Energiestufen in *Schalen* (energy shells) um den *Atomkern* (nucleus) angeordnet, der aus Protonen (positiv geladene Teilchen, deren Zahl der Elektronenzahl entspricht) und aus Neutronen (ungelandene Teilchen, deren Zahl für das jeweilige Isotop charakteristisch ist) besteht.

Die Schalen werden, beginnend beim Kern, mit den Buchstaben K, L, M usw. bezeichnet. Silizium hat in K-2, in L-8 und in M-4 Elektronen, beim Germanium hat K-2, L-8, M-8 und N-4. Die inneren Schalen sind bei Silizium mit 2 und 8 und bei Germanium mit 2, 8 und 18 Elektronen vollständig besetzt und werden durch äußere Störungen nicht beeinflußt. Diese Atome sind *vierwertig* (tetravalent), denn sie besitzen vier äußere Valenzelektronen in der äußersten, ungefüllten Schale. Ein *Valenzelektron* (valence electron) ermöglicht einem chemischen Element, mit einem anderen eine Verbindung einzugehen.

Im Germanium oder Silizium bildet jedes Atom mit seinen Nachbarn eine *kovalente Bindung* (covalent bond), die auf einem Paar gemeinsamer Elektronen beruht und sehr stark ist. Bei Raumtemperatur schwingen im intrinsischen Halbleiter die Atome geringfügig um ihre Lage im Kristallgitter. Wird jedoch die Temperatur erhöht, so kann die Gitterschwingung so stark werden, daß eine kovalente Bindung aufbricht und so ein Elektron frei wird, das sich im Kristallgitter von seinem Atom wegbewegt und dort ein *Loch* (hole) zurückläßt. Das Loch kann als positiv gelandenes Teilchen aufgefaßt werden, dessen Ladung gleich groß wie die des Elektrons ist, dessen Beweglichkeit auf seinem Weg im Kristallgitter jedoch kleiner als die des Elektrons ist. Die Gesamtladung eines intrinsischen Halbleiters ist stets *neutral,* denn es sind gleich viele Elektronen und Löcher vorhanden, jedoch wächst die Zahl der thermisch erzeugten freien Ladungsträger mit steigender Temperatur.

Die Eigenschaften eines intrinsischen Halbleiters können durch schwache Verunreinigungen (Dotierungen) stark verändert werden. Beispielsweise durch Beimengung von Antimon zu Germanium. Antimon hat 5 Elektronen in seiner äußersten (Valenz-)Schale und bildet mit vieren von diesen kovalente Bindungen mit seinen vier benachbarten Germaniumatomen. Das fünfte Elektron ist schwach an sein Antimon-Mutteratom gebunden und es genügt ein geringer Energieaufwand, — etwa in Form von Licht, Wärme oder elektrischem Feld — um es freizusetzen. Wenn das Elektron das Mutteratom verläßt, bleibt das Antimon als positiv gelandenes Ion zurück und ein *freies Elektron* (free electron) kann im Kristall umherwandern. Da diese Elektronen negative Ladung haben, nennt man den so dotierten Halbleiter *n-Typ* Material und die Elektronen *Ladungsträger* (carriers). Da der Kristall elektrisch neutral ist, muß die Elektronendichte gleich der Summe der Dichten der positiven Löcher und *Donatoren* (Elektronenspender) sein. Daher ist die Elektronendichte größer als die Löcherdichte, d. h. im n-Material bilden die Elektronen die *Majorität* (majority) und die Löcher die *Minorität* (minority).

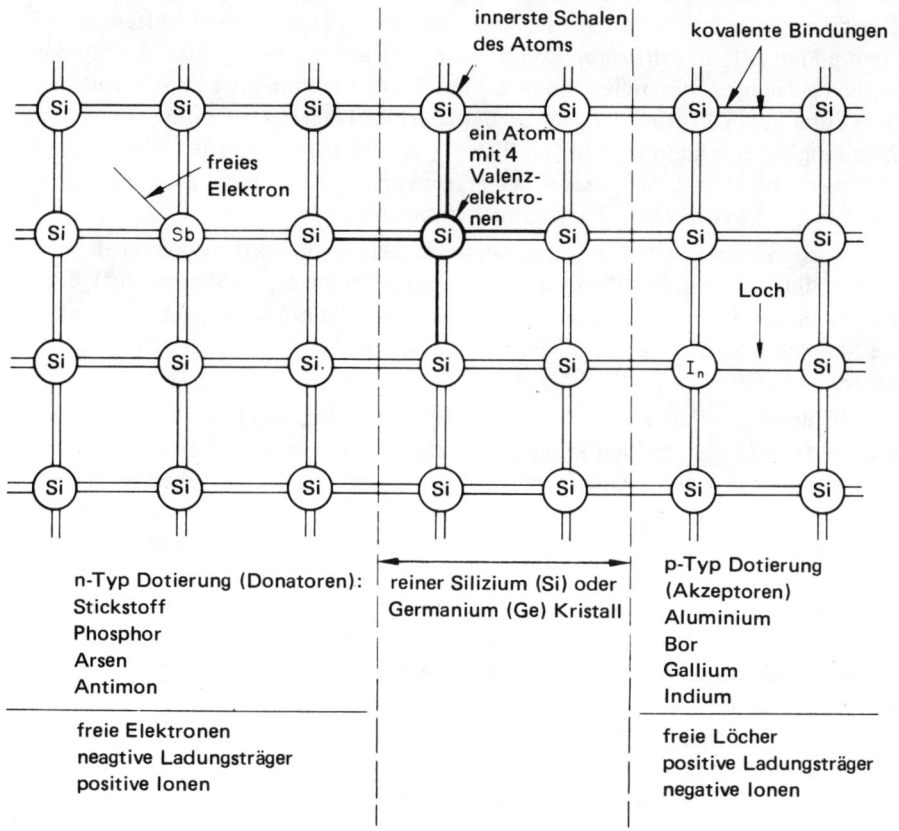

n-Typ Dotierung (Donatoren):
Stickstoff
Phosphor
Arsen
Antimon

freie Elektronen
neagtive Ladungsträger
positive Ionen

reiner Silizium (Si) oder
Germanium (Ge) Kristall

p-Typ Dotierung
(Akzeptoren)
Aluminium
Bor
Gallium
Indium

freie Löcher
positive Ladungsträger
negative Ionen

Bild 3.1. Intrinsischer, p- und n-Typ — Halbleiter

Wird Germanium oder Silizium mit einem dreiwertigen Atom *(Akzeptor)* (z. B. Indium) dotiert, so entsteht eine Leerstelle in den Bindungen im Kristall, da nur drei Valenzelektronen zur Verfügung stehen. Das fehlende Valenzelektron kann durch ein anderes Germaniumatom geliefert werden. So taucht nun bei diesem Atom (und in der Folge bei anderen Nachbarn) die Leerstelle (das Loch) in den Bindungen auf und das Indiumatom bleibt als negativ geladenes Ion zurück. Die Beifügung von Indium hat somit positiv geladene, frei bewegliche Träger erzeugt und man spricht von *p-Typ Material.* So wie vorher fordert die Ladungsträgerneutralität im Kristall, daß die Löcherdichte gleich der Summe von Elektronendichte und Dichte der negativ geladenen Akzeptoren ist: die Löcher bilden die Majorität und die Elektronen die Minorität im p-Material.

3.2. Der p-n Übergang

Wenn in einem Halbleiterkirstall ein p-dotiertes Gebiet an n-Material angrenzt, so diffundieren die Löcher aus dem p-Gebiet. Diese Bewegung der freien Ladungsträger in der Nähe des *p-n Überganges* (p-n junction) führt zu einer elektrostatischen Potentialdifferenz zwischen n- und p-Material, die *Diffusionsspannung* heißt. Das Übergangsgebiet, das nur die unbeweglichen geladenen Störstellen-Ionen enthält, heißt *Verarmungsschicht* (depletion layer), da es durch den Diffusionsvorgang an beweglichen Trägern verarmt ist. Wenn keine äußere Spannung anliegt, kann kein Strom fließen. Es wird also der Diffusionsstrom, der durch die Beweglichkeit und Temperatur der Träger entsteht, durch die in der entgegengesetzen Richtung wirkende Diffusionspannung kompensiert.

Die in der Verarmungsschicht thermisch erzeugten Löcher und Elektronen ergeben in Sperrichtung (Bild 3.2c) den *Sättigungsstrom* der Diode (diode saturation current), er fließt vom n- zum p-Gebiet. Die Stromstärke beträgt einige Mikroampere für Germanium und einige Nanoampere (10^{-9} A) für Silizium bei Raumtemperatur und steigt stark mit der Temperatur.

Wird mit einer Batterie an die Diode eine äußere Spannung angelegt (Bild 3.2), und zwar der Pluspol an das p-Gebiet und der Minuspol an das n-Gebiet, so ist die Diode in *Durchlaßrichtung* vorgespannt (forward bias). Damit können Löcher aus dem p-Gebiet ins n-Gebiet und Elektronen in der verkehrten Richtung wandern. Der Diffusionsstrom wächst exponentiell und übertrifft so den Sättigungsstrom, der sich mit der Spannung nicht ändert, um viele Größenordnungen. Wird die Polarität der außen angelegten Spannung umgekehrt, so wächst die *Potentialschwelle* (potential barrier) in der Sperrschicht und die Diffusion wird verringert. Der Diffusionsstrom wird unmeßbar klein, wenn 0,6 V Spannung in *Sperrrichtung* (reverse bias) erreicht sind. Wird die Sperrspannung erhöht, so fließt bis zu einem bestimmten Wert nur der kleine Sättigungs-Sperrstrom. Ab diesem Wert erlangen die Minoritätsträger durch die hohe Sperrspannung eine so hohe kinetische Energie, daß sie die Atome in der Sperrschicht ionisieren und so *Sekundärelektronen* (secondary electrons) erzeugen. Das wirkt sich als wesentlicher Anstieg des Sperrstromes aus. Dieser Effekt heißt *Lawinendurchbruch* (avalanche breakdown) und die dafür notwendige Spannung heißt *Durchbruchspannung* U_B der Sperrschicht (junction breakdown voltage) (Bild 3.2d).

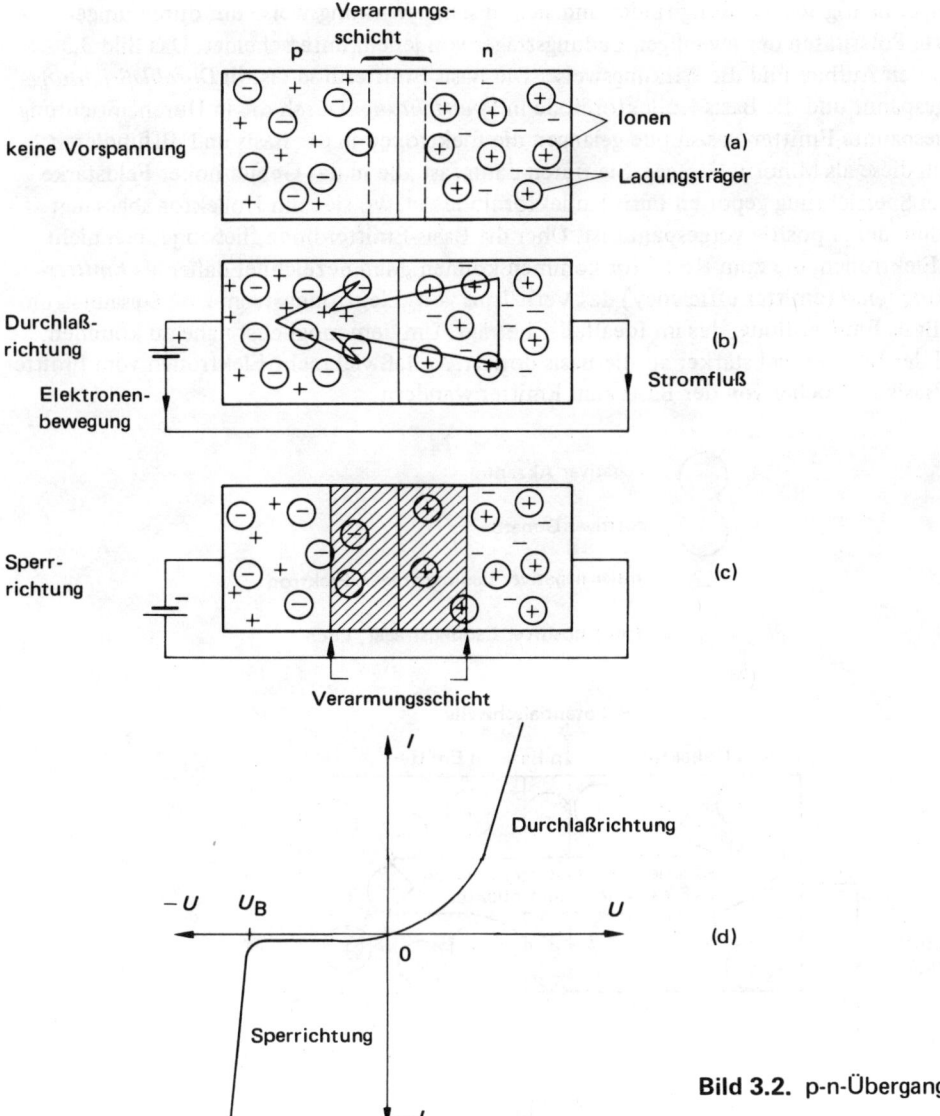

Bild 3.2. p-n-Übergang

3.3. Der bipolare Transistor

Der *bipolare Transistor* (junction transistor) besteht aus drei aufeinanderfolgenden extrinsischen Schichten von p-n-p oder n-p-n dotiertem Material in einem Halbleiterkristall, die mit *Emitter, Basis* und *Kollektor* bezeichnet werden. Wir behandeln hier den n-p-n Transistor, da der p-n-p Transistor, der analog dazu aufgebaut ist, in integrierten Schaltungen

weniger häufig Verwendung findet und sich in seiner Wirkungsweise nur durch umge-
kehrte Polaritäten der jeweiligen Ladungsträger von jenem unterscheidet. Das Bild 3.3
zeigt den Aufbau und die Wirkungsweise. Die Basis-Emitterdiode ist in *Durchlaßrichtung*
vorgespannt und die Basis-Kollektordiode in *Sperrichtung*. Durch die in Durchlaßrichtung
vorgespannte Emitter-Basisdiode gelangen die Elektronen in die Basis und diffundieren
durch diese als Minoritätsträger. Sie treten dann fast alle in das Gebiet hoher Feldstärke
der in Sperrichtung gepolten Basis-Kollektordiode ein, wo sie zum Kollektor abgesaugt
werden, der ja positiv vorgespannt ist. Über die Basis-Emitterdiode fließen jedoch nicht
nur Elektronen, die zum Kollektor kommen können. Man bezeichnet daher als *Emitterwirkungsgrad* (emitter efficiency) das Verhältnis von Elektronenstrom zum Gesamtstrom
der Basis-Emitterdiode, das im Idealfall 1 beträgt. Um dem möglichst nahe zu kommen,
wird der Emitter viel stärker als die Basis dotiert, so daß viel mehr Elektronen vom Emitter
zur Basis als Löcher von der Basis zum Emitter wandern.

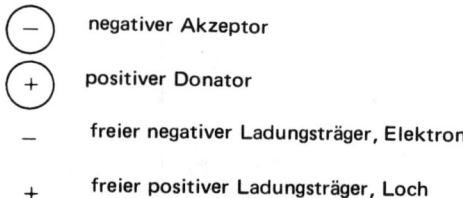

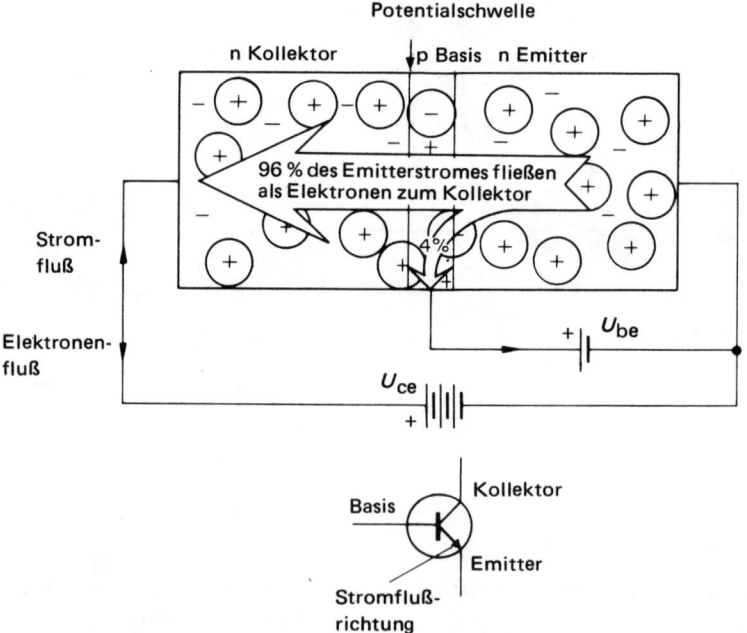

Bild 3.3. Der n-p-n Transistor

Die Basis wird sehr dünn gemacht, um den *Transportfaktor* zu erhöhen, das ist das Verhältnis des Elektronenstromes, der den Kollektor erreicht, zum Elektronenstrom der vom Emitter in die Basis injiziert wird.

Während des Durchgangs der Elektronen durch die Basis kommen einzelne Rekombinationen vor (die Elektronen vereinigen sich mit einem Loch, das vom Basisstrom geliefert wird). Der Effekt ist jedoch so klein, daß ein Transportfaktor von fast 1 erreicht wird. Die Elektronen werden durch das hohe positive Potential zum Kollektor von der Basis abgezogen. Das Verhältnis des gesamten Kollektorstromes zum Elektronenstrom vor der Kollektorsperrschicht heißt *Kollektorwirkungsgrad* (collector efficiency) und ist etwas größer als 1. Das Produkt dieser drei Größen — Emitterwirkungsgrad, Transportfaktor und Kollektorwirkungsgrad — heißt *Stromverstärkung in Basisschaltung* (common base amplification factor). Ihr Wert für Großsignalverstärkung (α_B) ist von dem für Kleinsignalverstärkung (α_b) verschieden. Für Gleichstromverhältnisse gilt $I_C = -\alpha_B I_E$, wobei mit I_E der Emitterstrom und mit I_C der Kollektorstrom bezeichnet wird. (Man beachte das negative Vorzeichen!)

Bis jetzt haben wir nur den Fall betrachtet, daß ein endlicher Basisstrom I_B fließt. Wenn die Basis nicht angeschlossen wird, dann ist $I_B = 0$ und es fließen thermisch erzeugte Elektronen aus der Basis in den Kollektor und Löcher vom Kollektor in die Basis. Dadurch entsteht ein Emitter- bzw. Kollektorreststrom oder Kollektorsperrstrom I_{CBo}, der sich für 30° Temperaturanstieg um den Faktor 10 erhöht. Es sei bemerkt, daß α_b dem H-Parameter h_{fb} für die Basisschaltung entspricht; die H-Parameter werden im Abschnitt 3.5 beschrieben.

Unter Berücksichtigung von I_{CBO} gilt: $I_C = I_{CBO} - \alpha_B I_E$. Typische Werte für Germaniumtransistoren sind, $\alpha_B = 0{,}98$, $I_{CBO} = -1\,\mu A$ bei 20 °C und $-10\,\mu A$ bei 50 °C, für Silizium ist I_{CBO} etwa um 2—3 Größenordnungen kleiner.

3.4. Das Kennlinienfeld des Transistors

Das Verhalten der an den äußeren Transistoranschlüssen auftretenden Gleichspannungen und Ströme wird gewöhnlich in Form von je einer Kurvenschar für den Eingangskreis und für den Ausgangskreis beschrieben. Der Transistor kann in drei Grundschaltungen betrieben werden, die Bild 3.4 zeigt:

Emitterschaltung (common emitter), *Basisschaltung* (common base) und *Kollektorschaltung* oder *Emitterfolger* (common collector, emitter follower). Manchmal spricht man auch von Emittergrundschaltung, Basisgrundschaltung, Kollektorgrundschaltung, je nachdem, welcher Anschluß an Masse liegt. Es gibt viele Möglichkeiten der graphischen Beschreibung des Gleichstromverhaltens des Transistors, aber nur wenige haben sich für die Untersuchung von Schaltungen als nützlich erwiesen, meist wird die Emitterschaltung angegeben. Im Bild 3.4 ist der grundsätzliche Aufbau der drei Schaltungen angegeben. Bild 3.5 zeigt die Kennlinienfelder für 2 Grundschaltungen, mit den Eingangs-, Ausgangsgrößen und der Übertragungscharakteristik. Für die Kollektorschaltung braucht man die Kennlinien selten, deshalb werden sie nicht angegeben.

positive Versorgungsspannung

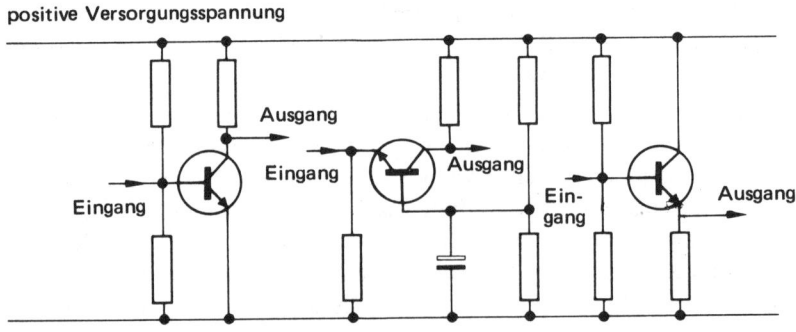

	Emitter-schaltung	Basisschaltung	Kollektorschaltung oder Emitterfolger
Stromverstärkung	hoch	eins	hoch
Spannungsverstärkung	hoch	hoch	eins
Leistungsverstärkung	hoch	mittel	mittel
Phasenverschiebung	180°	null	null
Eingangsimpedanz	mittel	niedrig	hoch
Ausgangsimpedanz	mittel	hoch	niedrig
Hauptanwendungs-gebiet	häufigster Verstärker	Anpassung, Impedanz-transformation	Impedanz-transformation oder Hochstromquelle

Bild 3.4. Vergleich der Grundschaltungen des Transistors

Das Eingangskennlinienfeld der Emittergrundschaltung ist durch die Abhängigkeit der Basis-Emitterspannung U_{BE} vom Basistrom I_{BE} gegeben, wobei die verschiedenen Werte der Kollektor-Emitterspannung U_{CE} die Parameter der Kurven dieser Kurvenschar sind. Im Ausgangskennlinienfeld wird der Kollektorstrom I_C als Funktion von U_{CE} aufgetragen, hier ist I_B der Parameter. Aus diesem Ausgangskennlinienfeld erkennt man folgendes:

1. Es fließt ein merklicher Kollektorstrom I_{CEO} bei offener Basis ($I_B = 0$). Diesen erhält man durch Elimination von I_E aus den beiden Gleichungen $I_C = I_{CBO} - \alpha_B I_E$ sowie $I_E + I_C + I_B = 0$ und dem Ansatz $I_C = B I_B + I_{CEO}$. Hier bezeichnet B die Gleichstromverstärkung und I_{CEO} den Kollektor-Emitter Reststrom in Emittergrundschaltung. Man findet so: $I_E = -(I_B + I_C)$ sowie mit $I_B = 0$ für $I_{CEO} = I_{CBO} (1 - \alpha_B)$. Auch bei offener Basis fließt also ein beträchtlicher Kollektorstrom I_{CEO}: Typische Werte für I_{CEO} sind $- 50 \, \mu A$ bei 20 °C und $- 500 \, \mu A$ bei 50 °C für Ge-Transistoren und um 2 Größenordnungen kleinere Ströme für Silizium. Vernachlässigt man I_{CBO} und I_{CEO} (z.B. bei Kleinsignalverstärkung), so gibt $I_C = B I_B = - \alpha_B I_E = \alpha_B (I_C + I_B)$ und damit

$$B = \alpha_B / 1 - \alpha_B.$$

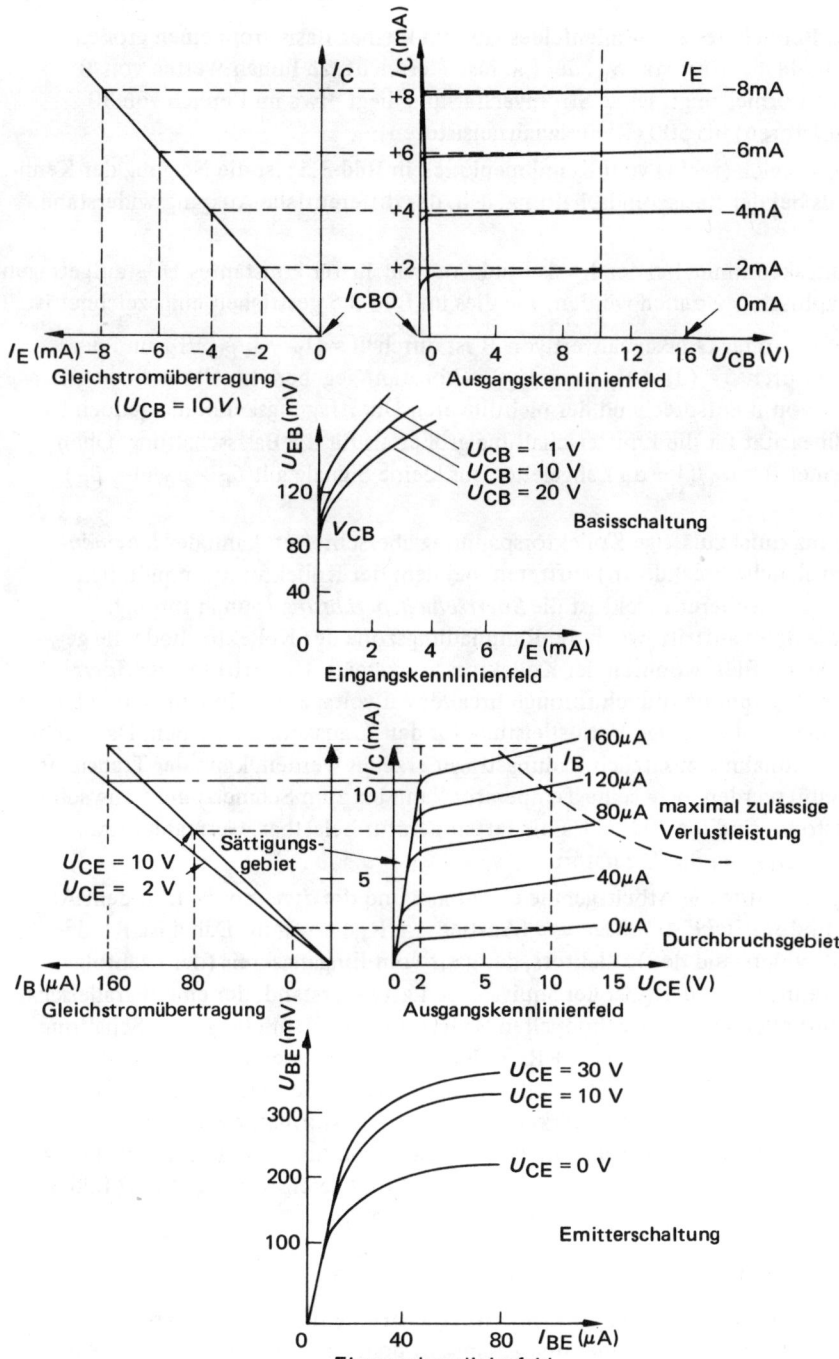

Bild 3.5. Kennlinienfeld für Emitter- und Basisschaltung

2. Im linearen Bereich des Kennlinienfeldes gibt ein kleiner Basisstrom einen großen Kollektorstrom, da ein Wert von α_B, der i.a. fast 1 erreicht, zu hohen Werten von B führt, wie obige Formel zeigt. Diese Stromverstärkung liegt etwa im Bereich von 30 (Leistungstransistoren) bis 500 (Kleinsignaltransistoren).

3. Im linearen Bereich (rechts vom Kennlinienknick in Bild 3.5) ist die Neigung der Kennlinien größer als bei der Basisgrundschaltung, d.h. der differentielle Ausgangswiderstand ist kleiner.

Die Übertragungskennlinie, bei der I_C als Funktion von I_B für konstantes U_{CE} aufgetragen wird, kann graphisch gewonnen werden, wie dies im Bild 3.5 gestrichelt eingezeichnet ist.

Der Gleichstrom — oder Großsignalwert von B ist durch $B = (I_E - I_{CEO})/I_B$ und der Kleinsignalwert durch $\beta = (dI_C/dI_B)$ mit U_{CE} = konstant gegeben. Im allgemeinen unterscheidet sich B von β entsprechend der nichtlinearen Übertragungskennlinie, jedoch ist i.a. die Nichtlinearität für die Emitterschaltung größer als für die Basisschaltung. Oben wurde die Formel $B = \alpha_B/(1 - \alpha_B)$ abgeleitet, für kleine Signale gilt $\beta_E = \beta_B/(1 - \beta_B)$ noch genauer.

Falls U_{CE} die maximal zulässige Kollektorspannung überschreitet, kann der *Lawinendurchbruch* (avalanche breakdown) auftreten, bei dem der Kollektorstrom plötzlich stark zunimmt. Ein weiterer Effekt ist die *Sperrschichtberührung* (punch through breakdown), die dann auftritt, wenn die Raumladungszone der Kollektordiode die gesamte Basisdicke ausfüllt, wodurch der Kollektorstrom steigt. Dies tritt bei der *Sperrschichtberührungsspannung* (punch through breakdown voltage) ein. In den Datenblättern wird auch die maximal zulässige Verlustleistung für den Transistor angegeben. Da durch eine Temperaturzunahme zusätzlich Ladungsträger erzeugt werden, kann der Transistor thermisch instabil werden, d.h. seine Temperatur kann bis zum Schmelzpunkt anwachsen. Siliziumtransistoren sind bis 200 °C Halbleitertemperatur belastbar, Germaniumtransistoren werden schon ab 85 °C zerstört.

Im Abschnitt 2.3 wurde die Arbeitsgerade eingeführt und die *dynamische* (mit dem Anstieg $-1/R'_L$) und *statische Arbeitsgerade* (Anstieg $-1/R_L$) erwähnt. Dabei ist R_L der eingebaute Arbeitswiderstand des Kollektors, der ganz vom Eingangskreis (der nachfolgenden Stufe) getrennt ist, und R'_L ist der äquivalente Lastwiderstand, der einer Parallelschaltung von R_L mit allen kapazitiv gekoppelten Widerständen entspricht. In der Schaltung im Bild 3.6b ist z.B. $R'_L = R_1 R_L/(R_1 + R_L)$. Beide Arbeitsgeraden gehen durch den Arbeitspunkt, und weil $R_L > R'_L$ ist, hat die dynamische Arbeitsgerade eine stärkere Neigung als die statische. Ist der Verstärker mit einem Transformator gekoppelt, dann ist die statische Arbeitsgerade vertikal, da keine Gleichspannung an der Primärwicklung des Transformators abfällt, die den Arbeitswiderstand für Gleichstrom darstellt (Bild 3.6c).

3.5. Ersatzschaltungen des Transistors

Die dynamische Stromverstärkung für kleine Wechselströme in der Emittergrundschaltung β wird meist mit h_{fe} bezeichnet und entspricht dem Quotienten: Änderung von i_{CE} gebrochen durch Änderung von i_{BE}. Dabei ist h_{fe} einer der *H-Parameter* (hybrid parameter), die mit einigen anderen Kenngrößen für jede Transistortype angegeben

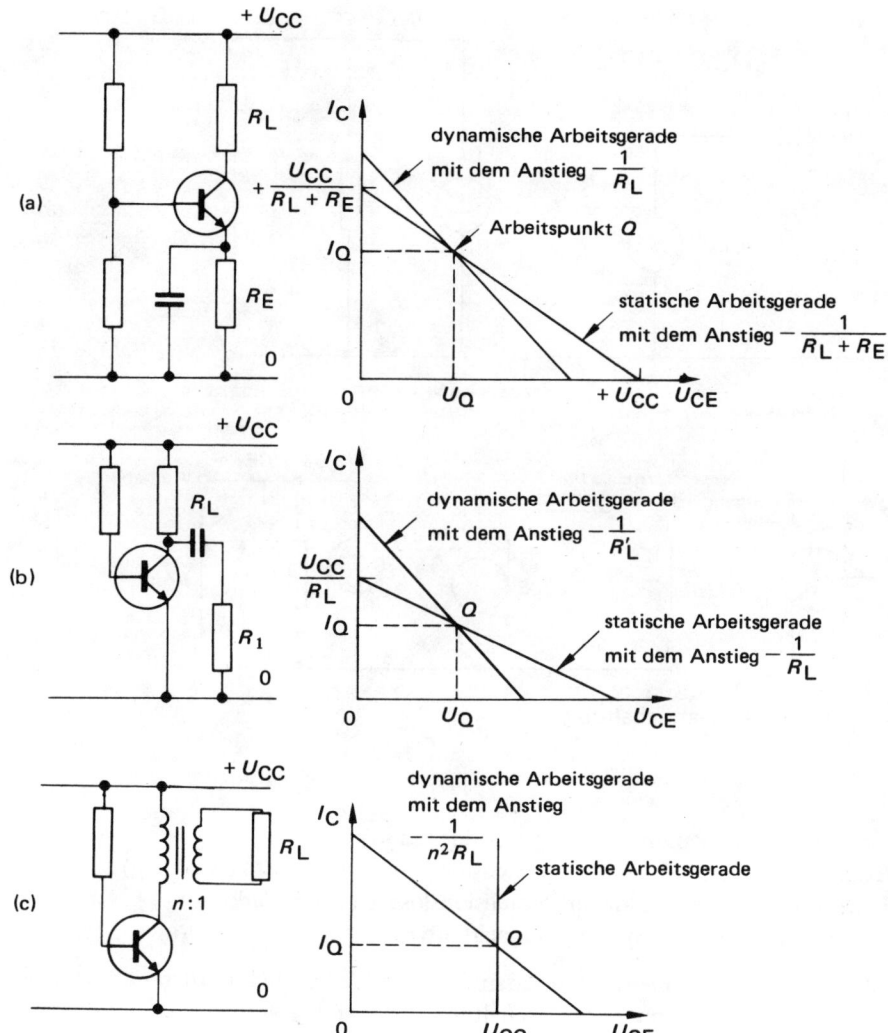

Bild 3.6. Arbeitsgeraden im Kennlinienfeld des Transistors

werden. Es gibt viele Parameter, z.B. H-, Y-, S-Parameter usw. die gebräuchlichsten sind die H- und Y-Parameter. Die Bedeutung der H-Parameter erkennt man aus dem Ersatzschaltbild des Transistors im Bild 3.7; wobei 3.7a das allgemeine Hybrid-Ersatzschaltbild des Transistors wiedergibt. Ob es sich dabei um eine Emitter-, Basis- oder Kollektorschaltung handelt, wird nur durch den Index gekennzeichnet. Gemäß den Kirchhoffschen Regeln gilt für diese Schaltung: $u_1 = h_i i_1 + h_r u_2$ und $i_2 = h_f i_1 + h_0 u_2$. Dabei handelt es sich bei u und i um Kleinsignal-Effektivwerte und der Index 1 bezeichnet Eingangs- und der Index 2 Ausgangsgrößen.

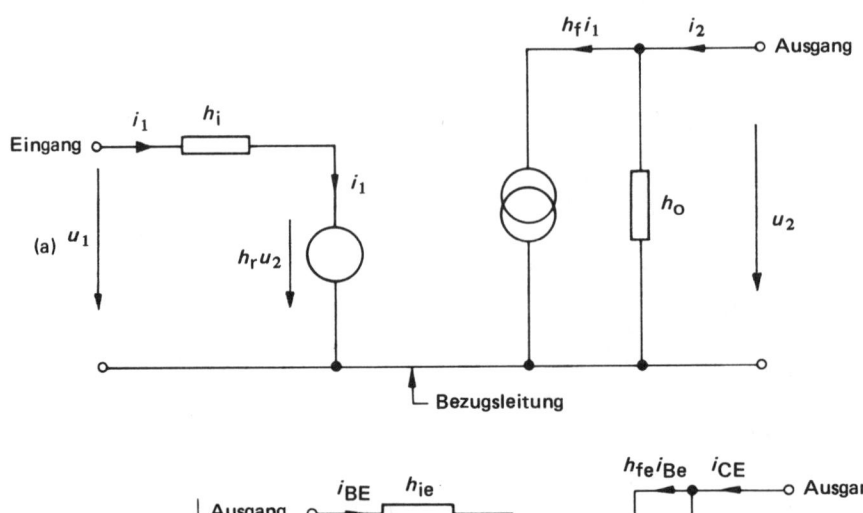

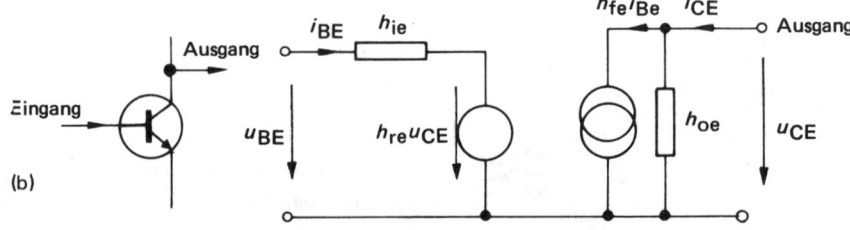

Bild 3.7. H-Parameter Ersatzschaltung

Weiter ist

h_i der *Eingangs* (input) Parameter (Eingangswiderstand)
h_r der *Rückwärts* (reverse) Parameter (dimensionslose Spannungsrückwirkung)
h_f der *Vorwärts* (forward) Parameter (dimensionslose Stromverstärkung)
h_o der *Ausgangs* (output) Parameter (Ausgangsleitwert)

Da die Maßeinheit (Dimensionen) dieser Parameter verschieden sind, werden sie *Hybrid-parameter* genannt. Für die Emittergrundschaltung gibt man h_{ie}, h_{re}, h_{fe}, h_{oe} an, für die Basisgrundschaltung h_{ib} usw. Für die Ersatzschaltungen nach *Thévenin* bzw. *Norton* (Abschnitt 2.2) mußten Kurzschluß bzw. Leerlaufmessungen herangezogen werden. In ähnlicher Weise muß h_{ie} und h_{fe} mit wechselstrommäßig kurzgeschlossenem Ausgang ($u_2 = u_{CE} = 0$) sowie h_{re} und h_{oe} mit leerlaufendem Eingang ($i_1 = i_{BE} = 0$) d. h. ohne Eingangssignal gemessen werden. Die Emitterschaltung wird als Kleinsignalverstärker durch

$$u_{BE} = h_{ie}\, i_{BE} + h_{re}\, u_{CE}$$

$$i_{CE} = h_{fe}\, i_{BE} + h_{oe}\, u_{CE}$$

beschrieben, wobei die H-Parameter aus den Ableitungen der Eingangskennlinien (h_{ie}, h_{re}) bzw. Ausgangskennlinien (h_{fe}, h_{oe}) in der Nähe des Arbeitspunktes bestimmbar sind.

$$h_{ie} = \frac{\delta U_{BE}}{\delta I_{BE}} \quad \text{bei konstantem } U_{CE} \qquad\qquad h_{fe} = \frac{\delta I_{CE}}{\delta I_{BE}} \quad \text{bei konstantem } U_{CE}$$

$$h_{re} = \frac{\delta U_{BE}}{\delta U_{CE}} \quad \text{bei konstantem } I_{BE} \qquad\qquad h_{oe} = \frac{\delta I_{CE}}{\delta U_{CE}} \quad \text{bei konstantem } I_{BE}$$

Das Bild 3.8 beschreibt die Meßmethode der einzelnen Strom- bzw. Spannungsänderungen, aus denen die H-Parameter berechnet werden. Typische Werte für die Emittergrundschaltung sind: h_{ie} = 6 kΩ h_{re} = $3 \cdot 10^{-4}$, h_{fe} = 200 und h_{oe} = 25 μS, dabei bezeichnet S die Einheit der Leitfähigkeit (das Siemens) (auch Ω^{-1} oder mho im Englischen gebräuchlich). Eine Gegenüberstellung typischer H-Parameter für Basis- und Ermittergrundschaltung gibt folgendes Bild:

$$
\begin{array}{ll}
h_{ib} = 36\ \Omega & h_{ie} = 1900\ \Omega \\
h_{fb} = -0,96 & h_{fe} = -25 \\
h_{rb} = 0,84 \cdot 10^{-4} & h_{re} = 1 \cdot 10^{-4} \\
h_{ob} = 0,88 \cdot 10^{-6}\,\text{S} & h_{oe} = 22 \cdot 10^{-6}\,\text{S}
\end{array}
$$

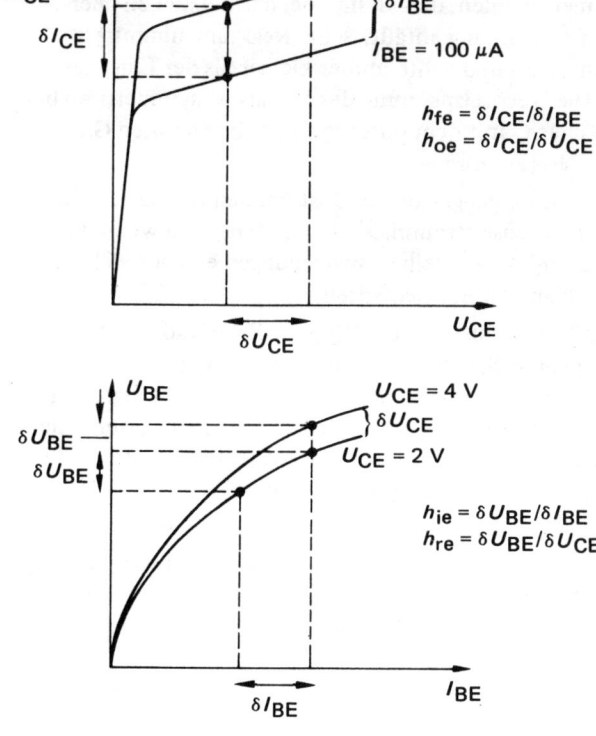

Bild 3.8

Bestimmung
der H-Parameter
aus den
Transistorkennlinien

3.6. Dimensionierung der Bauelemente eines Transistorverstärkers

Die Berechnung der Bauelemente des einfachen Transistorverstärkers in Bild 3.9 stützt sich auf die oben beschriebenen Parameter und Kennlinien. Man geht folgendermaßen vor:

1. Zur Festlegung der Gleichspannungsverhältnisse wählt man für die Ermittergrundschaltung die Emitterspannung mit etwa 1 V und für einen Vorstufenverstärker einen Kollektorstrom von etwa 1 mA. In einem Treiber- oder Leistungsverstärker würden einige 100 mA bzw. einige A fließen. Dann ist $U_E = R_4 I_C$. Da die Basis-Emitterspannung etwa 0,6 V (für Si-Transistoren) beträgt, ist die Basisspannung durch $U_B = R_4 I_C + 0,6$ V festgelegt.

2. Der Basisstrom ergibt sich aus $I_B = I_C/B$. B wird meist mit β gleichgesetzt und beträgt z.B. 300, woraus I_B berechenbar ist. Der Spannungsteiler R_1, R_2 legt die Basisspannung fest. Wenn man annimmt, daß der Basisstrom ein Zehntel des Stromes durch R_2 ist, kann der Wert von R_1 und R_2 berechnet werden z.B. $R_1 + R_2 = 12$ V$/10\,I_B$.

3. Der Arbeitspunkt des Kollektors (U_Q in Bild 3.6) wird nun mit dem gewünschten Gleichspannungswert festgelegt. Bei einer Versorgungsspannung von 12 V ist $U_Q = 8$ V ein üblicher Wert, der einen Aussteuerbereich von 4 V bis zur Sättigung erlaubt. Damit ergibt sich $R_3 = 4$ V$/I_C$.

4. Die Wechselstromverhältnisse sollen nun mit Hilfe des Bildes 3.10 untersucht werden, bei dem der Emitterwiderstand R_E nicht entkoppelt ist. Zuerst muß der Eingangs-Koppelkondensator so dimensioniert werden, daß an ihm bei der tiefsten zu übertragenden Frequenz keine zu große Spannung abfällt. Seine Reaktanz nimmt gemäß $X_C = 1/\omega C$ bei niederen Frequenzen zu und sollte immer kleiner als der Eingangswiderstand des Transistors sein. Die Wechselspannung des Signals ist symmetrisch bezüglich Masse und setzt sich nun über C mit dem unter Punkt 1. bestimmten Gleichspannungswert von 1,6 V an der Basis zusammen.

5. Die Emitterspannung folgt stets dem Eingangssignal und ist um den Betrag von 0,6 V kleiner als die Basisspannung. D.h. wechselstrommäßig ist $u_E \approx u_B$ und wenn der Kondensator genügend groß ist, ist $u_B \approx u_i$. Kleine Abweichungen ergeben sich aus dem geringfügigen Spannungsabfall an den Bauelementen.

6. Der Emitter-Wechselstrom i_E ergibt sich aus $i_E = u_E/R_E \approx u_i/R_E$ und da $i_B = i_C/\beta$, d.h. sehr klein ist, fließt fast der gleiche Strom durch Emitter und Kollektor: $i_C = i_E$. Damit findet man $i_C = u_i/R_E$ und die Ausgangspannung $u_0 = - i_C R_C$ des Signals. Das Minuszeichen kennzeichnet hier die Phasendrehung des Signals um 180°. (Wenn die Basisspannung zunimmt, steigt der Kollektorstrom und die Kollektorspannung fällt durch den wachsenden Spannungsabfall am Arbeitswiderstand!)

Die Kleinsignalverstärkung ergibt sich aus den beiden letzten Formeln zu $A = u_0/u_i = - R_C/R_E$. Das ist eine gute Näherungsformel für alle stark durch R_E gegengekoppelte Verstärker, wenn die komplexen Werte von R_C und R_E, d.h. ihre Phasoren und nur Frequenzen im Übertragungsbereich des Verstärkers betrachtet werden.

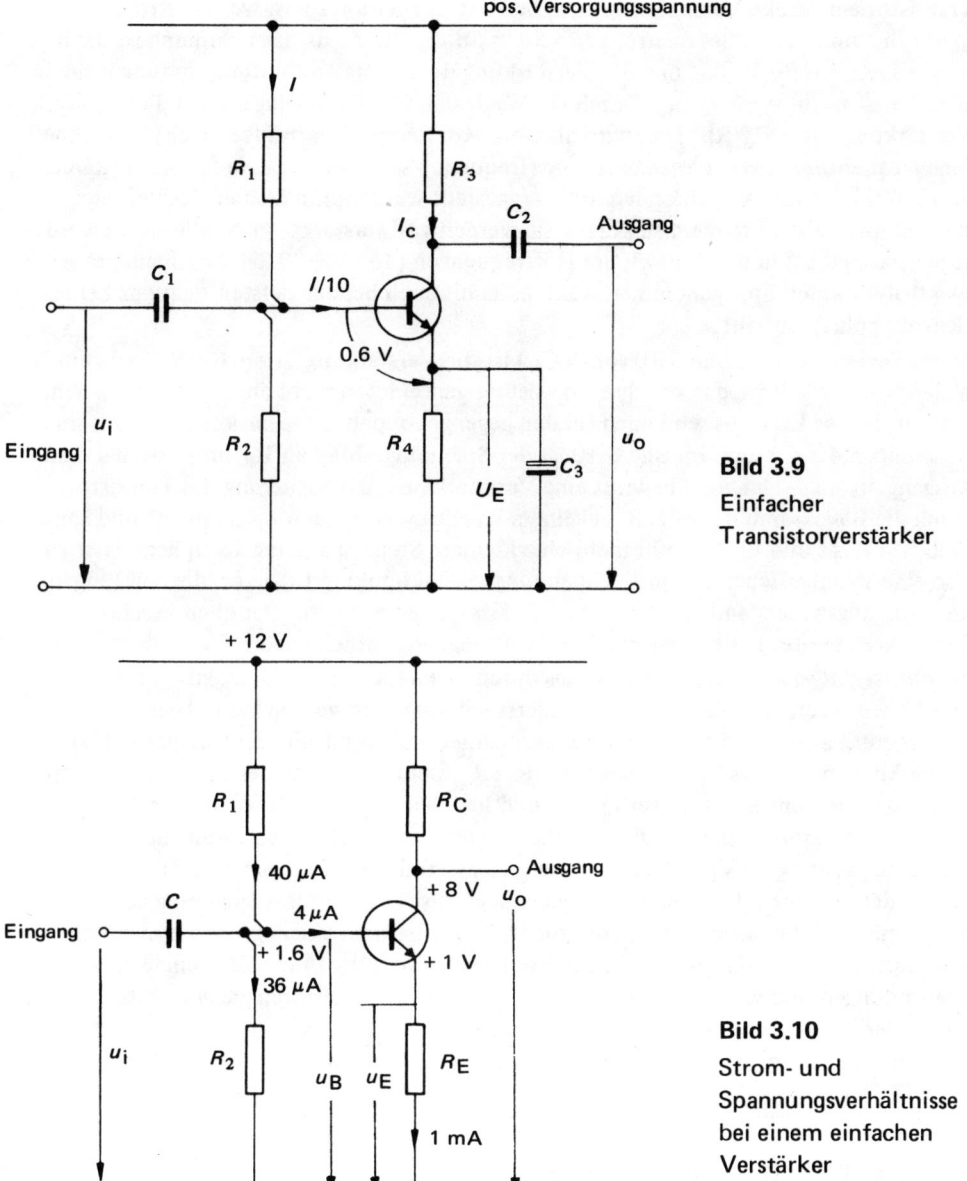

Bild 3.9

Einfacher
Transistorverstärker

Bild 3.10

Strom- und
Spannungsverhältnisse
bei einem einfachen
Verstärker

3.7. Gegenkopplung bei einstufigen Verstärkern

Vergleicht man die Bilder 3.9 und 3.10, so fehlt C_3 in der Schaltung 3.10. Dieser *Entkopplungskondensator* (decoupling capacitor) schließt den Widerstand R_E für die Frequenzen des Übertragungsbereiches kurz, so daß keine Signalspannung am Emitter liegt und der

Transistor eine große Verstärkung u_o/u_i besitzt: Es fließt der Basiswechselstrom $i_b = u_i/h_{ie}$ und der Kollektorstrom $i_c = \beta i_b = \beta u_i/h_{ie}$. Die Ausgangsspannung ist dann $u_o = -i_c R_3 = -\beta u_i R_3/h_{ie}$ und die Verstärkung der normalen Emittergrundschaltung in Bild 3.9 ist $u_o/u_i = -\beta R_3/h_{ie}$. Durch das Weglassen von C_3 verringert sich diese hohe Verstärkung auf $-R_3/R_E$. Dies wird als *Gegenkopplung* (negative feedback) bezeichnet. Eine *frequenzabhängige Gegenkopplung* (frequency selective negative feedback) kann durch Wahl des Entkoppelkondensators eingestellt werden. Ein kleiner Kondensator schließt alle hohen Frequenzen kurz — sie werden voll verstärkt — und alle tiefen werden gegengekoppelt. Für den Bereich der Hörfrequenzen (16 Hz — 20 kHz) muß ein großer Elektrolytkondensator genommen werden, damit auch bei der tiefsten Fequenz keine Gegenkopplung auftritt.

In der Schaltung nach Bild 3.10 (ohne C_E) ist die Verstärkung $A = -R_C/R_E$, d.h. ein Widerstandsverhältnis, das von den Transistoreigenschaften nicht abhängt, wenn β sehr groß ist. Dieses Ergebnis wird auch für den gegengekoppelten Operationsverstärker im Abschnitt 5.4 zutreffen. Im Bild 3.10 ist der Spannungsabfall an R_E proportional dem Ausgangsstrom $i_E \approx i_c$ und bewirkt eine Verminderung der Steuerung des Transistors durch die Basisspannung, da z.B. bei einem Anstieg von u_i auch u_E zunimmt und somit zwischen Basis und Emitter nur mehr eine kleinere Steuerspannung als u_i liegt. Hier liegt also eine stromgesteuerte (von i_E) Spannungsgegenkopplung (u_E) vor, die den Eingangs- und Ausgangswiderstand erhöht, wie im 5. Kapitel gezeigt wird. Der oben beschriebene Verstärker arbeitet in der Emittergrundschaltung. Wesentlich andere Eigenschaften hat die *Emitterfolgerschaltung,* die überdies durch einen kleinen Schaltungstrick für einen sehr hohen Wechselstrom — Eingangswiderstand ausgelegt werden kann. Diese Schaltungsmodifikation wird mit *Bootstrap* bezeichnet und ist im Bild 3.11 dargestellt. Hier ist der Mittelpunkt des Spannungsteilers R_1, R_2 nicht direkt, sondern über einen dritten Widerstand R_3 mit der Basis verbunden und liegt über C wechselspannungsmäßig am Emitter und damit an der Ausgangsspannung. Diese Emitterfolgerschaltung übersetzt die Eingangsspannung im Verhältnis 1:1 (vergleiche Punkt 5 im vorigen Abschnitt), so daß an R_3, der zwischen Ausgang und Eingang liegt, fast keine Wechselspannung auftritt und somit auch fast kein Signalstrom fließt. Das entspricht einem großen dynamischen Eingangswiderstand für das Signal. Die Bootstrap-Schaltung findet demgemäß zahlreiche Anwendungen und wird bei bipolaren und Feldeffekt-Transistoren gleichermaßen benützt. Der dynamische Ausgangswiderstand des Emitterfolgers ist umso kleiner, je höher die Verstärkung (Steilheit) des Transistors ist, — wenige Ω sind erreichbar.

3.8. Der Feldeffekttransistor (FET)

Bisher wurden *bipolare* Transistoren beschrieben. Dieser Name wird von ihrem Aufbau aus p- und n-Halbleitermaterial abgeleitet. Nun sollen *unipolare Transistoren*, Feldeffekt-Transistoren (FET) genannt, erläutert werden, bei denen nur eine Polarität von Ladungsträgern zum Stromtransport beiträgt. Es gibt zwei Arten von Feldeffekttransistoren: den *Sperrschicht FET* (junction gate FET) und den *MOSFET* (metal oxide semiconductor FET) der den Namen von seinem Gate-Aufbau hat und im Englischen auch IGFET (insulated gate

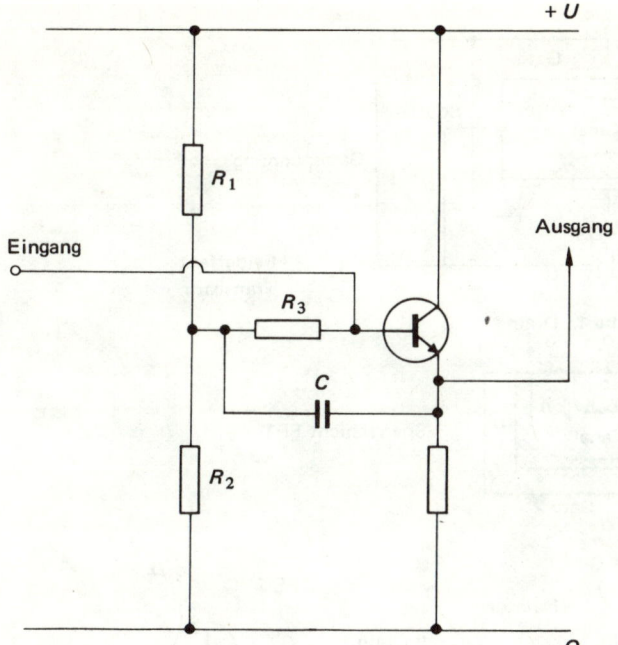

Bild 3.11
Emitterfolger in
Bootstrap-Schaltung

FET) genannt wird. Der Hauptanwendungsbereich der bipolaren Transistoren liegt bei linearen Verstärkerschaltungen, da hier Ausgangsstufen mit großen Strömen gebraucht werden. Die FET dominieren bei digitalen integrierten Schaltkreisen, da ihr Leistungsbedarf sehr klein ist.

Der Aufbau des FET ist aus Bild 3.12 ersichtlich. Im Prinzip besteht der Sperrschicht FET aus einem n- oder p-Halbleiterstäbchen, an dem seitlich Dioden angebracht sind. Die Kontakte am Halbleiterstäbchen heißen *Drain* und *Source* und der Diodenanschluß *Gate*. Der Strom fließt von der Source zum Drain und wird durch das Gate gesteuert. Die Steuerung beruht auf der veränderlichen Vorspannung des Gate, die eine dementsprechend tiefe Verarmungszone bei den Gatedioden aufbaut. Zwischen den Verarmungszonen liegt der *Kanal* (channel), der gemäß seiner Dicke den Drainstrom I_D steuert. Wird die sperrende Gatevorspannung so groß, daß sich die beiden Verarmungszonen berühren, so wird der Kanal abgeschnürt und I_D wird Null. Diese Gatespannung wird mit *Abschnürspannung* oder *pinch-off voltage* U_p bezeichnet; bei ihr wird Drain und Source elektrisch getrennt. Es gibt n-Kanal und p-Kanal FETs, je nach der Dotierung des Halbleiterstäbchens. Das Gate ist jeweils entgegengesetzt dotiert und i.a. in Sperrichtung gegenüber dem Kanal vorzuspannen.

Im Sperrschicht-FET kann bei hoher Drain-Source Spannungen U_{DS} ein Lawinendurchbruch auftreten, der eine plötzliche starke Zunahme des Drainstromes I_D bewirkt. Für niedere Werte von U_{DS} zeigt das I_D/U_{DS} Kennlinienfeld *Triodenverhalten* und geht dann in lineare, fast parallele Kennlinien wie bei der Pentode oder beim bipolaren Transistor über (Bild 3.13).

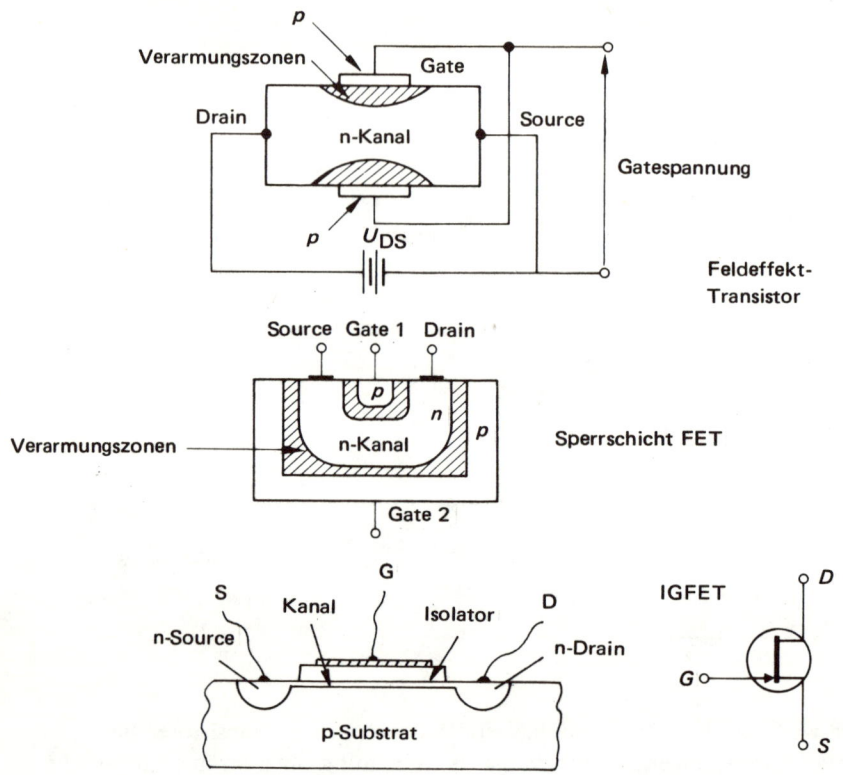

Bild 3.12. Aufbau von Feldeffektransistoren

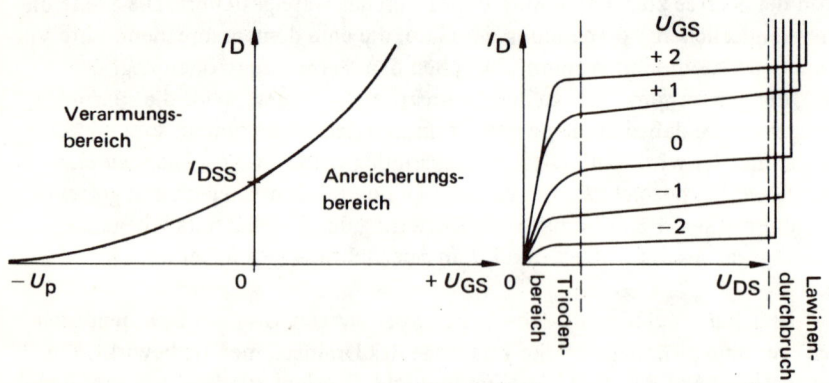

Bild 3.13. Kennlinien des Feldeffektransistors

Der FET mit isoliertem Gate (IGFET) arbeitet ähnlich wie der Sperrschicht-FET, nur hat
hier die Gateelektrode mit dem Kanal keinen unmittelbaren elektrischen Kontakt, da sie
durch eine äußerst dünne Schicht aus Siliziumdioxid von diesem getrennt ist. Das Gate
ist mit der Platte eines Kondensators vergleichbar und bewirkt durch seine Vorspannung
und den Effekt der Halbleiter-Isolator-Trennschicht, daß die Minoritätsträger aus dem
Substrathalbleiter in eine dünne Schicht unter dem Isolator gezogen, bzw. die Majoritätsträger aus dieser Schicht abgestoßen werden. So entsteht ein Kanal von Ladungsträgern
mit der Polarität der Majoritätsträger im Source- und Draingebiet, der den Strom zwischen
diesen beiden Elektroden leitet. Wird die Gatespannung erhöht, so werden mehr Minoritätsträger aus dem Substrat gezogen und der Drainstrom wächst. Der MOSFET hat einen
sehr großen Eingangswiderstand (zu dem parallel die kleine Gatekapazität liegt) und eine
relativ hohe Grenzfrequenz. Je nach der Polarität der Ladungsträger im Kanal (sie entspricht der entgegengesetzten Substratdotierung) spricht man auch vom p-(Kanal) MOSFET
und n-MOSFET.

In der Oxidschicht des MOSFET bauen sich, entsprechend ihrer molekularen Struktur, gewisse Ladungen auf, die wie eine Gatevorspannung wirken und zur Bildung eines *Kanals
bei offenem Gate* (initial channel) führen können. Ein solcher Kanal wird geschwächt
durch eine, die Ladungsträger im Kanal wegtreibende Gatespannung. Man spricht dann
von einem *Verarmungs- oder selbstleitendem MOSFET*. (depletion mode operation).
Wenn andererseits die Ladungsverteilung im Oxid die Kanalbildung bei offenem Gate
verhindert, muß eine Gatespannung angelegt werden, welche die Ladungsträger im Kanal
„anreichert" (d. h. Minoritätsträger aus dem Substrat herauszieht). Dies ist der *Anreiche-
rungs- oder selbstsperrende* (enhancement) *MOSFET*.

Bild 3.13 zeigt die Übertragungscharakteristik und das Ausgangskennlinienfeld eines
MOSFET, der sowohl im Verarmungsbereich, als auch im Anreicherungsbereich arbeitet.
Der Drainstrom hängt beim FET von der Gate-Sourcespannung U_{GS} nach der Formel
$I_D = I_{DSS} [(U_{GS}/U_p) - 1)]^2$ ab. Der Strom I_{DSS} für Kurzschluß zwischen Gate und
Source ist in die Übertragungskurve links im Bild 3.13 eingezeichnet. Demnach ist der
FET ein Bauelement mit vollkommen quadratischer Übertragungscharakteristik. Er
wird deshalb in Mischstufen und funktionalen Gegenkopplungsschaltungen von Operationsverstärkern eingesetzt.

Eine Anwendung findet der FET im sogenannten FETRON, das als unmittelbarer Er-
satz für eine Elektronenröhre dient. Es ist dies eine Kaskadenschaltung eines FET-Paares,
die fast das gleiche Kennlinienverhalten und den gleichen Spannungsbedarf wie bestimmte Pentoden hat. Nur die Heizung fällt weg. Vorteilhaft wirkt sich die lange
Lebensdauer aus. Ein FETRON sollte erwartungsgemäß 300 Jahre arbeiten, verglichen
mit wenigen Jahren bei einer Röhre. Bild 3.14 zeigt die Schaltung und die Kennlinien
dieses Bauelements.

3.9. Der Unijunction-Transistor (UJT)

Der *Unijunction-Transistor* im Bild 3.15 besteht aus einem n-Silizium-Stäbchen mit den
rein ohmschen Basisanschlüssen B_1 und B_2 an den äußeren Enden. Seitlich ist der p-
dotierte Emitter angebracht. An B_2 wird eine gegenüber B_1 positive Spannung U_{BB} an-

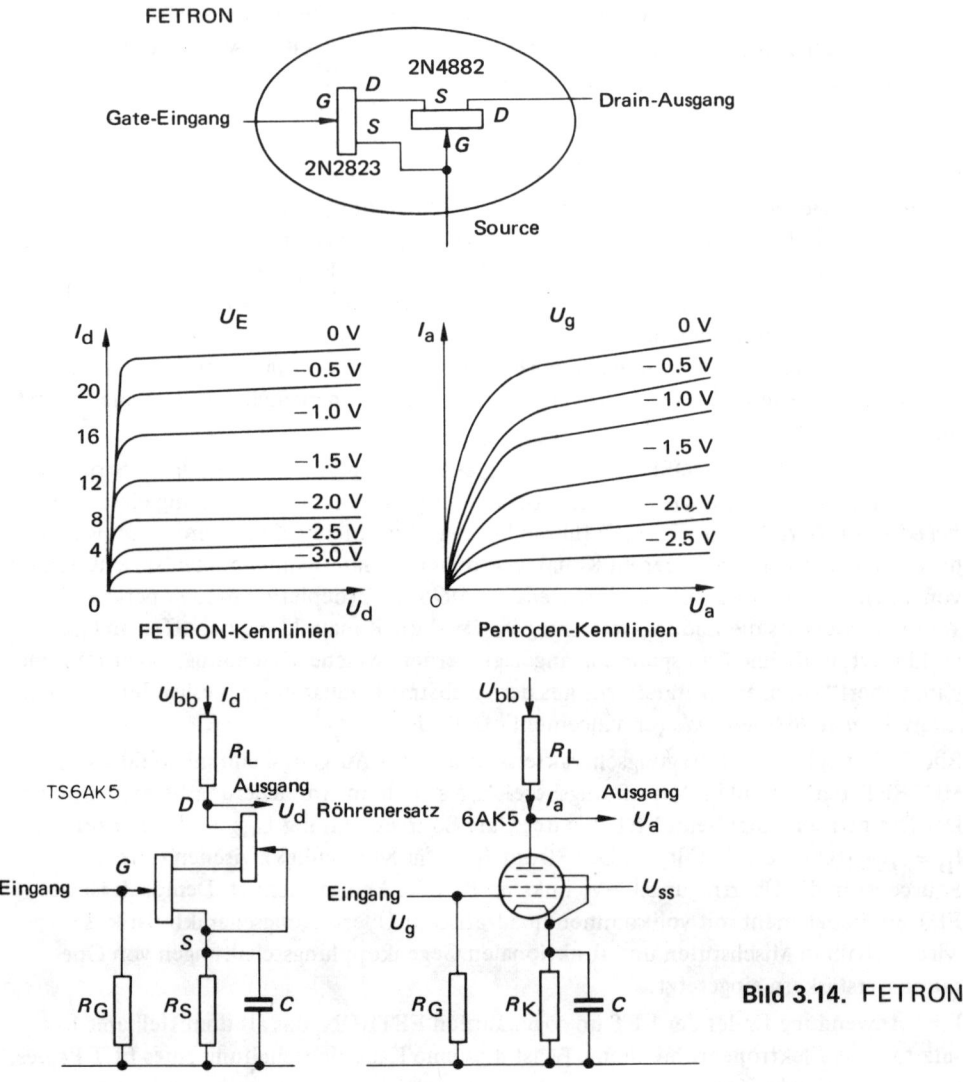

Bild 3.14. FETRON

gelegt und folglich liegt der Emitter auf dem Potential ηU_{BB}. Wenn eine kleinere Spannung als ηU_{BB} an den Emitter angeschlossen wird, ist er in Sperrichtung gepolt, wenn jedoch eine höhere Spannung am Emitter liegt, fließt über ihn ein großer Strom. Dadurch erhöht sich die Leitfähigkeit des Stäbchens zwischen B_1 und Emitter gemäß der Injektion von Löchern vom Emitter und sein Potential sinkt, d. h. die Injektion steigt weiter. Dieser Bereich des Stäbchens kann als variabler Widerstand aufgefaßt werden. Die Emitter-Basisdiode des UJT zeigt die im Bild 3.15 dargestellt Kennlinie, die eine Höckerspannung U_p (peak point voltage) und eine Talspannung U_V (valley voltage) aufweist. Dazwischen

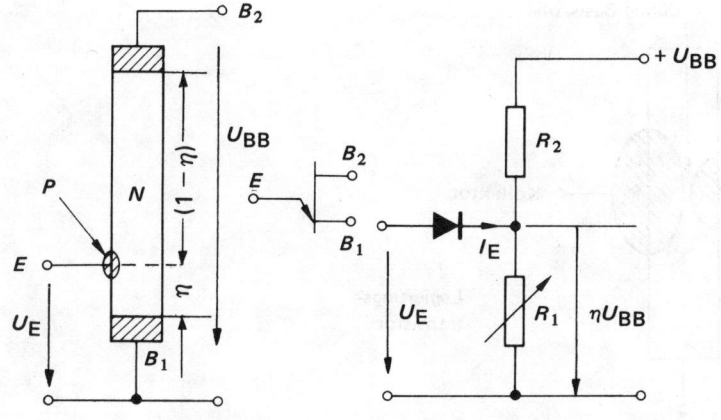

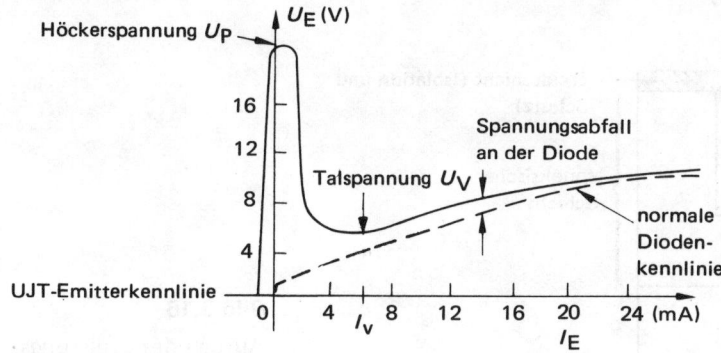

Bild 3.15. Unijunction Transistor

liegt ein Bereich *negativen Widerstandes* (negative restistance), der in Schwingschaltungen, spannungsgesteuerten Schaltern oder Trigger-(Auslöse)Schaltungen Anwendung findet. Das Verhältnis η zwischen Höckerspannung und U_{BB} wird als *inneres Spannungsverhältnis* (intrinsic stand-off ratio) bezeichnet.

3.10. Die Silizium-Planartechnologie

Der bipolare Legierungs-Sperrschichttransistor wird durch Einlegieren von Emitter und Kollektorgebieten in beide Seiten eines sehr dünnen Basisplättchens hergestellt. Diese Technologie gestattet es nicht, eine Basisdicke von 1 μm zu erreichen, die zur Erzielung einer hohen Grenzfrequenz und hoher Verstärkung notwendig wäre. Im Bild 3.16 ist oben der Schnitt durch einen Legierungstransistor wiedergegeben.

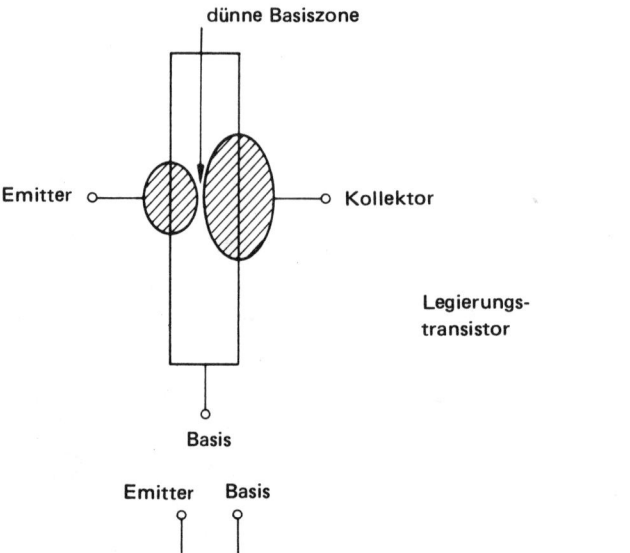

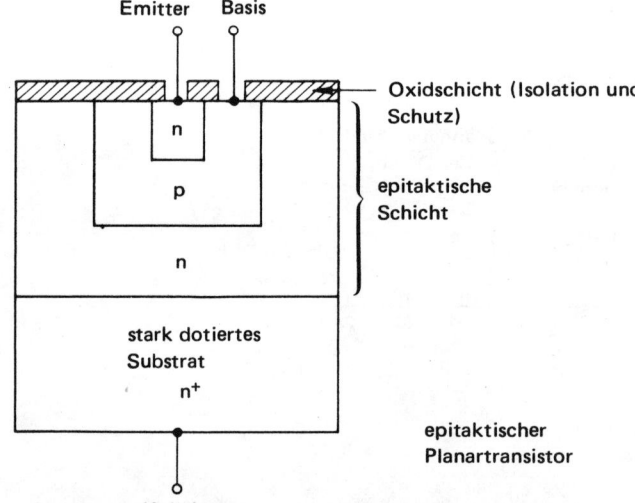

Bild 3.16

Aufbau des Legierungs-
und des epitaktischen
Planartransistors

Die *Silizium-Planar-Diffusionstechnik* ist zu einer so hohen Perfektion gediehen, daß es heute möglich ist, Basisdicken von $1-2\ \mu m$ gut reproduzierbar herzustellen und damit beim Silizium-Planartransistor eine hohe Grenzfrequenz und hohe Verstärkung zu erreichen. Der Silizium-Planarprozeß wird auch bei integrierten Schaltkreisen angewendet, wobei mittels Photomaskierung und Ätzung genau abgegrenzte p- und n-Gebiete in ein Siliziumsubstrat eindiffundiert werden. Der im Abschnitt 3.8 behandelte Feldeffekttransistor konnte erst auf diese Weise hergestellt werden, denn für seinen einfachen Aufbau bietet sich besonders der Planarprozeß an. Aus diesem Grund sind moderne digitale integrierte Schaltkreise vorwiegend aus MOSFET aufgebaut. Lineare (analoge) integrierte Verstärkerschaltkreise können jedoch nicht nur aus FET zusammengesetzt werden (siehe Abschnitt 3.8) und bestehen deshalb meist aus planaren bipolaren Transistoren. Das Bild 3.16 zeigt unten einen Querschnitt durch einen solchen Transistor.

Das Aufwachsen von einkristallinen Schichten auf einem Siliziumsubstrat durch Anlagern von Si-Atomen aus gasförmigen oder flüssigen Si-Verbindungen heißt *Epitaxie-Prozeß*. Der im 6. Kapitel beschriebene Operationsverstärker wurde hergestellt mittels dieser Methode, der folgenden Photolithographie (Photomaske → Ätzen von Fenstern → Diffusion) und mit bipolaren Transistoren als aktiven Bauelementen.

3.11. Andere Halbleiterbauelemente

3.11.1. Die Varaktordiode

Eine in Sperrichtung vorgespannte Diode hat eine Verarmungszone, deren Ausdehnung mit wachsender Sperrspannung zunimmt. Diese Verarmungsschicht wirkt wie das Dielektrikum und das n- bzw. p-Gebiet wie die Anode und Katode eines Plattenkondensators. Eine Erhöhung der Sperrspannung bewirkt eine Ausdehnung der Sperrschicht und somit eine Verkleinerung der Kapazität C_s die ja für einen Plattenkondensator durch $C_s = \epsilon_0 \epsilon_r \frac{A}{d}$ (in Farad) gegeben ist. (ϵ_0, ϵ_r Dielektrizitätskonstanten, A Plattenfläche, d Plattenabstand). Wenn d zunimmt dann nimmt C_s ab. Deshalb die Bezeichnung: Varicap-Diode. Die z. Zt. erreichbaren Kapazitätsvariationen betragen etwa 250 pF. Von den zahlreichen Anwendungen seien die Abstimmung und *automatische Scharfabstimmung* (automatic frequency control, AFC) in Rundfunk- und Fernsehempfängern erwähnt. Wird der Varaktor in einen Schwingkreis eingebaut, dessen Resonanzfrequenz durch $\frac{1}{2\pi\sqrt{LC}}$ gegeben ist, hat eine Erhöhung der Sperrspannung eine Zunahme der Resonanzfrequenz zur Folge.

3.11.2. Die Punktkontakt-Diode

Diese Diode wurde in den Anfängen des Rundfunks als Detektor benutzt und besteht aus einem dotierten Halbleiterkörper, auf den eine dünne Wolframdrahtspitze (cat's whisker) federnd drückt. Dadurch entsteht eine Metall-Halbleiter Diode, die eine ähnliche Kennlinie wie eine p-n-Diode hat, jedoch eine wesentlich kleinere Kapazität. Sie wird deshalb für Höchstfrequenz – (Mikrowellen-) Detektoren und schnelle elektronische Schalter verwendet.

3.11.3. Die Zenerdiode

Im Bild 3.2 ist die Diodenkennlinie mit der Durchbruchspannung in Sperrichtung gezeichnet. Der Lawinendurchbruch kommt durch die Ladungsträger zustande, die im Gebiet großer Feldstärke so hohe Geschwindigkeiten erlangen, das sie durch Stoßionisation neue Elektronen erzeugen, wodurch es zu einem lawinenartigen Anwachsen des Sperrstromes kommt. Die Zenerdiode ist so aufgebaut, daß sie dauernd in diesem Durchbruchbereich arbeitet und so die Spannung in einem weiten Bereich des Stromes konstant hält, wie man das in Bild 3.2 erkennt. Alle Sperrschichtdioden zeigen ähnliche Kennlinien, die Zenerdiode jedoch hat einen besonders scharfen Knick bei der vorgegebenen Spannung des Lawinen- oder Zenerdurchbruches. Diese sogenannte Zenerspannung kann zwischen 2,1 V und 300 V liegen, die Belastbarkeit reicht bis 100 W. Die Z-Dioden werden vielfach als Referenzelement in Spannungskonstanthaltern verwendet, von denen einige im 8. Kapitel beschrieben werden.

3.12. Der Differenzverstärker mit gemeinsamem Emitterwiderstand

Die Prinzipschaltung dieses Verstärkers zeigt Bild 3.17. Er wird wegen des zum gemeinsamen „Schwanz" zusammengefaßten Emitterwiderstandes im Englischen auch als *long-tailed pair* (lang geschwänztes Paar) bezeichnet. Die positive und negative Versorgungsspannung wird den beiden Lastwiderständen R_{c1} und R_{c2} bzw. dem gemeinsamen Emitterwiderstand R_E zugeführt.

Der Gleichstrom durch die Transistoren wird von R_E und U_{cc} bestimmt, denn die Emitter stellen sich z.B. auf $-0,6$ V ein, wenn beide Basisanschlüsse auf Massepotential (0 V) liegen.

Es sind zwei Eingangs- und zwei Ausgangsklemmen eingezeichnet, jedoch wird die Schaltung üblicherweise als Differenzverstärker mit dem *Differenzausgang* $U_o = U_{o1} - U_{o2}$ verwendet. Wenn beide Transistoren vollkommen gleich wären, (bei integrierten Transistorpaaren kommt man diesem Idealzustand nahe) dann ergäben gleiche Eingangsspannungen $U_{i1} = U_{i2}$ kein Ausgangssignal U_o. Tatsächlich ergibt sich jedoch ein Ausgangssignal sowohl aus dem (Differenz-)Eingangssignal $U_{idiff} = U_{i1} - U_{i2}$ als auch aus der Gleichtaktspannung $U_{av} = (U_{i1} + U_{i2})/2$. Jedoch ist i.a. die Differenzverstärkung hier wenigstens um einen Faktor 100 größer als die Gleichtaktverstärkung; die *Gleichtaktunterdrückung* (common mode rejection ratio) ist der Quotient dieser beiden Größen und wird im Abschnitt 4.1 naher erläutert.

Zur Abschätzung der Verstärkung dieser Schaltung betrachten wir zunächst die eines einzigen unabhängigen Transistors. Wie beim Kleinsignalverhalten (Abschnitt 3.7) ist die Ausgangsspannung $U_{o1} = -R_{c1} g_m U_{i1}$, wobei die *Steilheit* g_m (transconductance) durch $g_m = h_{fe}/h_{ie} = \beta/r_{BE}$ gegeben ist. Wird dieser Verstärker in die Schaltung nach Bild 3.17 eingebracht, die Spannung $U_{i2} = 0$ festgehalten und $U_{i1} \neq 0$ angelegt, so teilt sich aus Symmetriegründen (die Stromänderungen in den beiden Transistoren sind wegen des hohen Emitterwiderstandes entgegengesetzt aber gleich groß) U_{i1} je zur Hälfte auf den zusätzlichen Spannungsabfall $U_{i1}/2$ an R_E und $U_{i1}/2$ als Basis-Emitterspannung

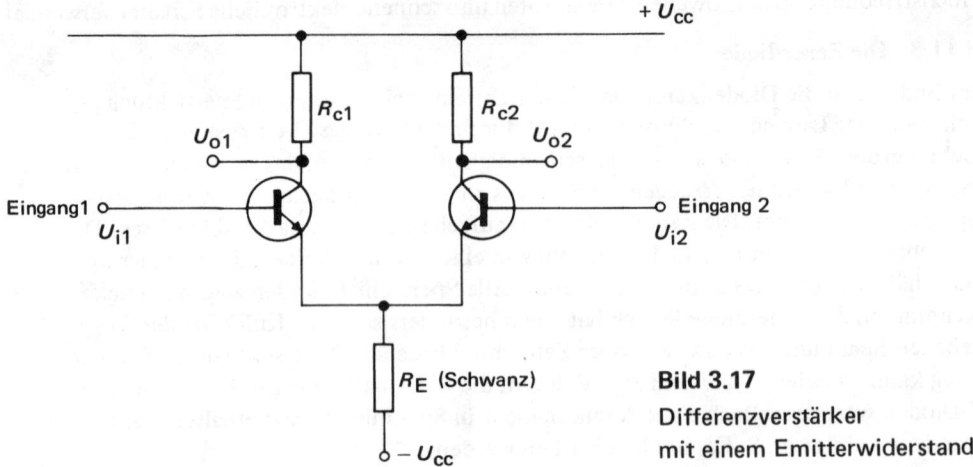

Bild 3.17
Differenzverstärker
mit einem Emitterwiderstand

des linken Transistors auf. Der rechte Transistor wird also mit $-U_{i1}/2$ gesteuert. So tragen beide Transistoren eines Paares gleichermaßen zur Ausgangsspannung

$$U_o = U_{o1} - U_{o2} = -R_c g_m (U_{i1} - U_{i2})$$

bei und es ergibt sich die Differenzverstärkung des Paares genauso wie die einer nicht gegengekoppelten Einzelstufe mit $U_o/U_{idiff} = -R_c g_m$. Die Übertragungskennlinie $I_C(U_{BE})$ eines Transistors ist durch

$$I_C = \alpha I_s [\exp(q U_{BE}/kT) - 1] = \alpha I_s [\exp(U_{BE}/U_T) - 1]$$

gegeben. Hier ist kT/q, die Elementarladung gebrochen durch das Produkt von Boltzmannkonstante und absoluter Temperatur, die Temperaturspannung U_T (25 mV bei 30 °C). Das Stromverhältnis ergibt sich somit zu $I_{c1}/I_{c2} = \exp[(U_{i1} - U_{i2})/U_T]$. Damit ist für große Aussteuerung die Ausgangsspannung U_o der Stromdifferenz $(I_{c1} - I_{c2})/I_{c2}$ und somit dem Stromverhältnis $(I_{c1}/I_{c2}) - 1$ proportional und eine Exponentialfunktion der Eingangsspannungsdifferenz.

3.12.1. Symmetrieren der Arbeitspunkte

Die gleichstrommäßige Einstellung des Arbeitspunktes des Differenzverstärkers kann in ähnlicher Weise wie beim einfachen Verstärker im Abschnitt 3.6 vorgenommen werden, wenn man den Emitterwiderstand R_E für die Summe der Emitterströme beider Transistoren dimensioniert. Die notwendige Symmetrierung der beiden Transistoren kann mit einem Symmetrierpotentiometer im Emitter- oder Kollektorkreis durchgeführt werden, wie dies Bild 3.18 zeigt.

Bei der Symmetrierung im Kollektorkreis (links im Bild) treten solange verschiedene Kollektorspannungen auf, bis sie mit Hilfe des Potentiometers abgeglichen sind. Diese Art der Symmetrierung hat folgende Eigenschaften:

1. Keine Gegenkopplung, es können jedoch Verzerrungen auftreten
2. Gute Gleichtaktunterdrückung wegen der gleichen Kollektorspannungen, trotz verschiedener Kollektorströme. (Die oben angegebene Verstärkung einer Einzelstufe ist nur von R_c und der Temperatur T abhängig)
3. Ausgeglichenes Temperaturverhalten, denn U_{BE} beider Transitoren fällt gleichermaßen, wenn die Temperatur T steigt. So bleibt der Verstärker symmetrisch.
4. Bei der symmetrischen Schaltung treten im Differenzausgang nur ungeradzahlige (3., 5., ...) Harmonische auf, bei Unsymmetrie alle.

Die Emittersymmetrierung (rechts im Bild) führt zu folgenden Verhältnissen: Die Verstärkung des Einzeltransitors ist gegeben durch:

(Spannungsänderung am Kollektor)/(halbe Spannungsänderung an der Basis)
$= R_C/(R_E' + r_{BE})$ (den Nenner bildet der Widerstand zwischen Basis und Symmetriepunkt)

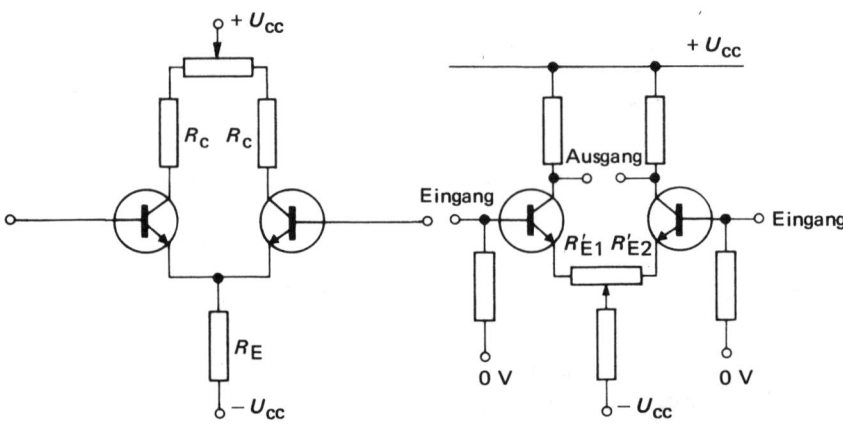

Bild 3.18. Kollektor- und emitter-symmetrierter Differenzverstärker

Die Verstärkung $(U_{01} - U_{o2})/(U_{i1} - U_{i2})$ des Differenzverstärkers ist die Summe der Einzelverstärkungen und von den Symmetrierwiderständen R'_{E1}, R'_{E2} abhängig. Es ergibt sich somit:

1. Eine Gegenkopplung, die die Verstärkung aber auch die Verzerrung vermindert.

2. Die Gegenkopplung führt auch zu einer größeren Symmetrie in den Ausgangsspannungen, wenn nur $R'_{E1} = R'_{E2}$ und $R_{C1} = R_{C2}$ gilt.

3. Ein schlechteres Temperaturverhalten, da U_{BE} bei beiden Transistoren nicht gleich ist, und aus demselben Grund

4. schlechte Gleichtaktunterdrückung. (Demgegenüber hat der Operationsverstärker 741 im Kapitel 6 eine Gleichtaktunterdrückung von 90 dB).

Die Wahl der Symmetrierschaltung wird also von der jeweiligen Anwendung abhängen. Ein Beispiel dafür ist die Kompensation der Offsetspannung des Operationsverstärkers im Abschnitt 6.3.

Bild 3.19 zeigt eine weitere Modifikation des Differenzverstärkers, bei dem der Lastwiderstand des ersten Transistors fehlt und die Ausgangsspannung am Lastwiderstand des zweiten Transistors abgenommen wird. Dadurch wird die Gleichtaktunterdrückung schlechter. Der Eingangswiderstand dieser Schaltung ist $r_{i1} = 2\,r_{BE}$, da die Signalspannung U_i sich auf beide Transistoren gleichmäßig aufteilt und somit nur $U_i/2$ am Kleinsignal-Eingangswiderstand (Basis-Emitterwiderstand r_{BE}) des Transistors liegt. Die Verstärkung sinkt gegenüber den oben besprochenen Schaltungen auf die Hälfte:
$U_o/U_i = R_c\, g_m/2$.

Hier sei noch eine Bemerkung zum Kleinsignal-Eingangswiderstand r_{BE} eines Transistors angefügt: Aus der exponentiellen Abhängigkeit $I_C (U_{BE})$ und $I_C = \beta I_B$ folgt für den Eingangswiderstand r_i der Emittergrundschaltung und aus der Gleichung am Ende des vorigen Abschnitts:

$$r_i = dU_{BE}/dI_B = r_{BE} = \beta dU_{BE}/dI_C = \beta/(dI_C/dU_{BE}) = \beta U_T/I_C$$

Da die Verstärkung u_o/u_{BE} eines Transistors vom Eingangswiderstand gemäß

$$\frac{u_o}{u_{BE}} = \frac{i_c R_c}{i_B r_{BE}} = \frac{\beta R_c}{r_{BE}}$$

abhängt, kann sie wegen $r_{BE} = \beta U_T/I_c$ durch den Kollektor-Gleichstrom verändert werden:

$$\frac{u_o}{u_{BE}} = \frac{R_c I_c}{U_T}$$

Davon macht man bei Multiplikatorschaltungen und beim OTA (Abschnitt 8.7.3) Gebrauch.

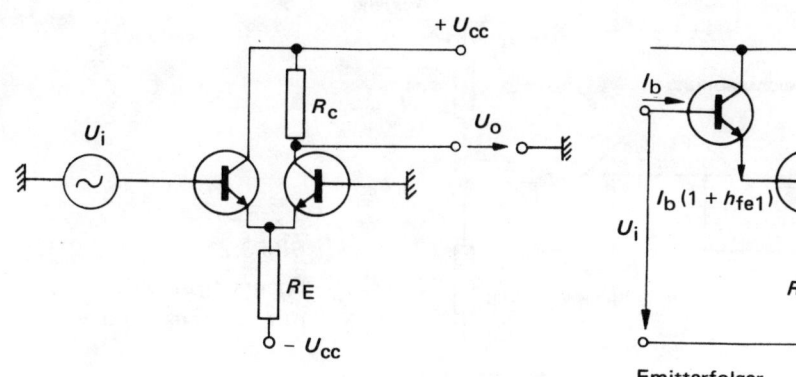

Bild 3.19

Modifikation des
Differenzverstärkers

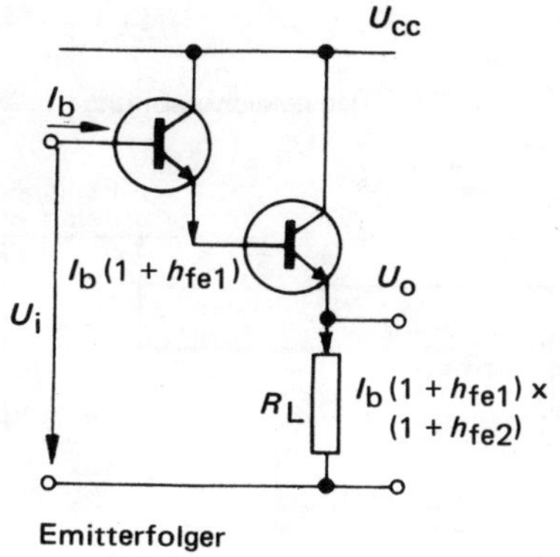

Bild 3.20

Darlington-Schaltung
(Emitterfolger)

3.13. Die Darlington-Schaltung

Die *Darlington-Schaltung* (Darlington pair) ist in Bild 3.20 in der meist angewandten Emitterfolgerkonfiguration angegeben. Das Kleinsignal-Stromverhältnis zwischen Emitter- und Basisstrom des ersten Transistors beträgt $(i_B + i_C)/i_B = (1 + h_{fe1})$ und des zweiten $(1 + h_{fe2}.)$ Damit wird die gesamte Stromverstärkung

$$(1 + h_{fe1})(1 + h_{fe2}) = h_{fe1} + h_{fe2} + h_{fe1} h_{fe2}.$$

Das ergibt näherungsweise $h_{fe1} h_{fe2}$.

Da der Emitterstrom des 2. Transistors den $(1 + h_{fe2})$-fachen Wert des Basistromes hat, erscheint der Emitterwiderstand hier mit dem Faktor $(1 + h_{fe})^2 R_L$ als Eingangswiderstand. So ergibt der Darlington-Emitterfolger sehr große Stromverstärkung und sehr hohen Eingangswiderstand bei einfachem Aufbau.

3.14. Der Fehlerverstärker

Eine Anwendung des Differenzverstärkers erfolgt bei Spannungsstabilisierungsschaltungen.
Es kann hier die Ausgangsspannung konstant gehalten werden, indem das der Abweichung
vom Sollwert proportionale *Fehlersignal* (error signal) mit einem konstanten Referenzsig-
nal (reference signal) verglichen wird und mittels eines Regelverstärkers die Abweichung
korrigiert wird, wie es Bild 3.21 zeigt. (Soll der Strom konstant gehalten werden, so muß
der Spannungsabfall an einem temperaturkonstanten Widerstand stabilisiert werden).

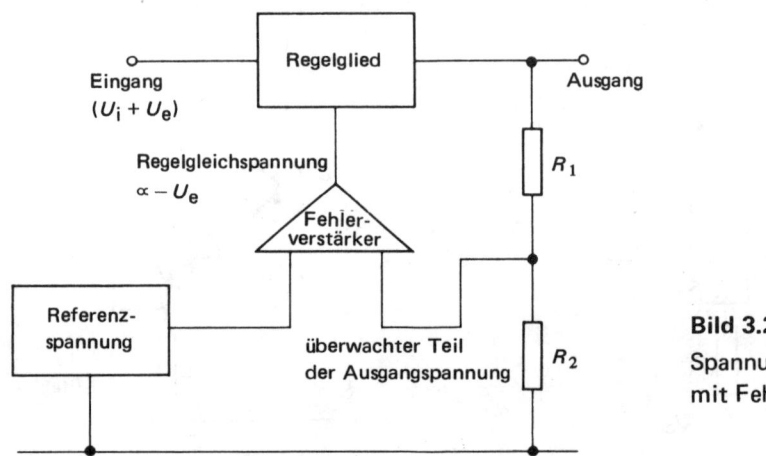

Bild 3.21

Spannungsstabilisierung
mit Fehlerverstärker

Die Eingangsspannung U_i, die um den Fehlbetrag U_e vom Sollwert abweicht, wird durch
das Regelglied fast vollständig auf den Sollwert der Ausgangsspannung herabgesetzt, die
über einen Spannungsteiler einem Eingang des Differenzverstärkers zugeführt wird.

Am anderen Eingang des Fehlerverstärkers liegt die Bezugsspannung. Die dem Regelglied
zugeführte Korrekturspannung ist der Differenz zwischen beiden Eingangssignalen proportional. Da die Verstärkung von Fehlerverstärker und Regelglied nicht unendlich groß
ist, muß immer ein kleiner Restfehler in der Ausgangsspannung vorliegen, um die Regelung
zum Ansprechen zu bringen.

Diese Art rückgekoppelter Regelkreise wird im folgenden Text noch oft vorkommen
wie z.B. bei Netzgeräten, Kompensatoren und anderen Regelgeräten, die etwa zur Untersuchung von Schwankungen der Amplitude, der Frequenz oder der Geschwindigkeit
dienen.

4. Grundlagen der Verstärkerschaltungen

4.1. Verstärkung

Das Verhältnis der Ausgangs- zu den Eingangsamplituden wird mit Verstärkung oder Gewinn bezeichnet. Damit darf keineswegs die Differenz zwischen Ausgangs- und Eingangsamplituden verwechselt werden. Man unterscheidet zwischen Spannungsverstärkung, Stromverstärkung und Leistungsverstärkung. Liegen ohmsche Verhältnisse vor, d. h. sind Strom und Spannung in Phase, so findet man die Leistungsverstärkung aus dem Produkt von Strom- und Spannungsverstärkung.

Diese Beziehung gilt nur, wenn die Verstärkungen als Verhältnisse ausgedrückt werden. Wird jedoch, wie es weitgehend üblich ist, der Gewinn nicht als Verhältnis sondern im logarithmischen Maß Dezibel ausgedrückt, so werden die Maßzahlen addiert anstatt multipliziert. Der Leistungsgewinn A_p ist definiert durch das Verhältnis von Ausgangsleistung P_o und Eingangsleistung P_i

$$A_p = 10 \log \frac{P_o}{P_i}$$

Dies stellt die Grundgleichung dar und von ihr können der Spannungsgewinn

$$A_U = 20 \log \frac{U_o}{U_i}$$

und der Stromgewinn

$$A_I = 20 \log \frac{I_o}{I_i}$$

abgeleitet werden. In Übertragungssystemen ist es sehr wichtig, den Leistungsgewinn auf gleiche Eingangs- und Ausgangswiderstände zu beziehen, um eine Basis für die Leistungsbestimmung zu haben. Das möge an folgendem Beispiel gezeigt werden:

Leistung = $(Spannung)^2 / Widerstand$

$$A_p = 10 \log(P_o/P_i) =$$
$$= 10 \log[(U_o^2/R_o)/(U^2/R_i)] =$$
$$= 20 \log[(U_o/U_i) \sqrt{R_o/R_i}].$$

Wie man aus der letzten Gleichung erkennt, kann der Leistungsgewinn aus dem Spannungsverhältnis nur dann direkt berechnet werden, wenn $R_o = R_i$ ist. Ein ähnlicher Beweis kann für den Strom abgeleitet werden. Das Bild 4.1 stellt diese Verhältnisse dar: Z kennzeichnet die Impedanzen, U die Spannungen, I die Ströme und P die Leistung. Hier muß bemerkt werden, daß ein Verstärker als lineares oder als nichtlineares Bauelement betrachtet werden kann, je nach dem, wie weit die Kennlinie des Verstärkers ausgesteuert wird. Im Kleinsignalbetrieb kann der Verstärker als linear angenommen werden. Die Betrachtung des nichtlinearen Verstärkers folgt im 7. Kapitel.

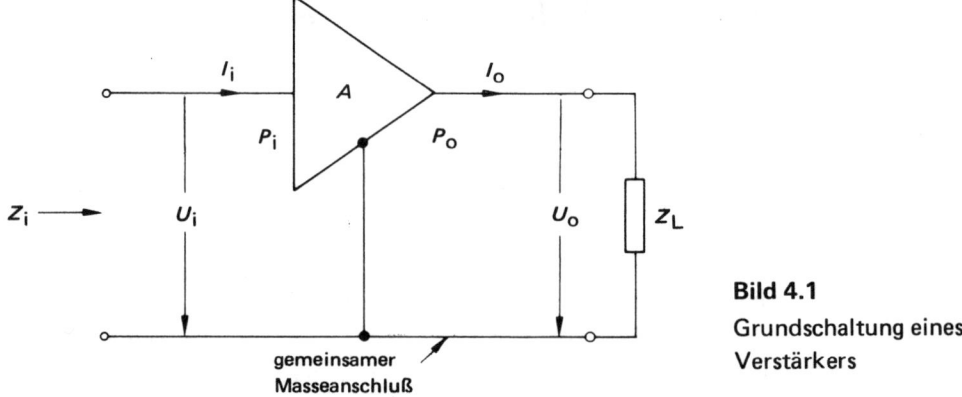

Bild 4.1
Grundschaltung eines
Verstärkers

4.1.1. Inversion

Es gibt viele Anwendungsfälle, in denen ein positives Fehlersignal oder Wechselspannungssignal in ein negatives Regelsignal oder gegenphasiges Rückkopplungssignal umgewandelt werden muß. Dies wird durch den sogenannten Inverter bewerkstelligt, der jede positive Spannung in eine negative und umgekehrt jede negative Spannung in eine positive umwandelt, unabhängig davon ob es sich um Gleichspannungen oder veränderliche Spannungen handelt. Einen typischen Fall für eine veränderliche Spannung zeigt Bild 4.2 (oben). Darunter ist die *spiegelbildliche Umkehr* (mirror inversion) dargestellt. Die horizontale Achse (Nullspannungspegel) stellt die Symmetrieachse dar. Nur bei rein sinusförmigen Signalen entspricht die Inversion einer Phasendrehung von $180°$.

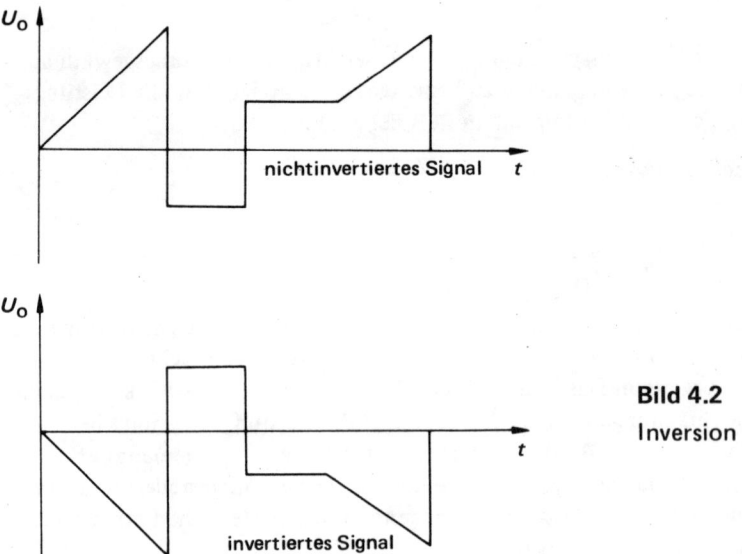

Bild 4.2
Inversion

4.1.2. Differenz- und Gleichtaktverstärkung

Der in den vorangegangenen Kapiteln beschriebene Transistorverstärker hat meist nur einen herausgeführten Eingang und eine gemeinsame Bezugs- oder Masseleitung als zweiten Anschluß. Demgegenüber hat der im Abschnitt 3.12 beschriebene Differenzverstärker zwei unabhängige Eingänge, nämlich einen invertierenden und einen nicht invertierenden (Bild 4.3), wobei das Ausgangssignal ein Vielfaches der Spannungsdifferenz zwischen diesen beiden Eingängen ist. Diese *Differenzverstärkung* (differential gain) ist das Verhältnis des Ausgangssignals zur Differenz der Eingangssignale. Eine zweite wichtige Kenngröße des Differenzverstärkers ist die *Gleichtaktverstärkung* (common mode gain), die als Verhältnis des Ausgangssignals zum Mittelwert der beiden Eingangssignale definiert ist, wobei dieser Mittelwert als *Gleichtaktsignal* (common mode signal) bezeichnet wird.

Wenn die Spannungen an den Eingängen mit U_{i1} und U_{i2} bezeichnet werden, ergibt sich die Ausgangsspannung mit

$$U_o = A(U_{i1} - U_{i2})$$

wobei A die Differenzverstärkung kennzeichnet. Die Gleichtaktverstärkung ist

$$A_{GL} = \frac{2U_o}{(U_{i1} + U_{i2})} = \frac{2A(U_{i1} - U_{i2})}{(U_{i1} + U_{i2})},$$

die im Idealfall so klein wie möglich sein soll. Eine häufigere Beschreibung der Gleichtaktverstärkung beruht auf gleichen Eingangsspannungen $U_{i1} = U_{i2} = U_i$ (das bedeutet, daß die beiden Eingänge miteinander verbunden sind). Hier ist die Gleichtaktverstärkung $A_{GL} = U_o/U_i$. Im Fall gleicher Eingangsspannungen würde sich aus der vorletzten Formel eine Gleichtaktverstärkung = 0 ergeben, daher muß die letzte Definition angewendet werden.

Die *Gleichtaktunterdrückung* (common-mode rejection ratio CMRR) ist ein Maß für die Fähigkeit des Verstärkers, gleiche oder ähnliche Signale an den beiden Differenzeingängen gegenüber Differenzsignalen zu unterdrücken. Sie ist demnach das Verhältnis von Differenzverstärkung A zu Gleichtaktverstärkung A_{GL}.

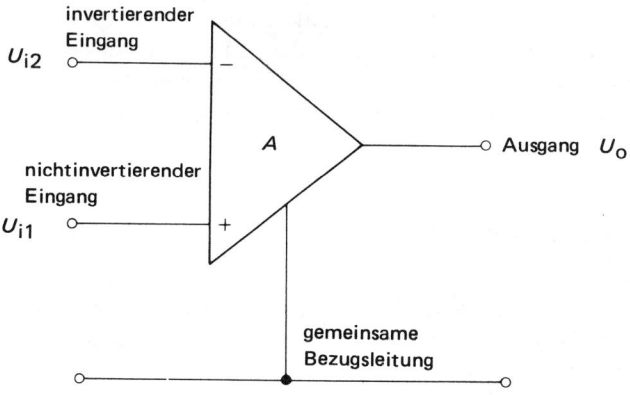

Bild 4.3

Invertierender und nichtinvertierender Eingang

Ein hoher Wert von CMRR kennzeichnet einen guten Differenzverstärker. Die Ausgangsspannung entsprechend dem Differenzeingang ist $A(U_{i1} - U_{i2})$ und die Gleichtaktverstärkung hat die Ausgangsspannung $A_{GL}(U_{i1} + U_{i2})/2$ zur Folge. Demnach ist die gesamte Ausgangsspannung

$$U_o = A(U_{i1} - U_{i2}) + A_{GL}\,\frac{U_{i1} + U_{i2}}{2}\,,$$

da der Verstärker niemals vollkommen symmetrisch arbeitet.

Da $CMRR = A/A_{GL}$ ist, ergibt sich für die Ausgangsspannung:

$$U_o = A(U_{i1} - U_{i2}) + \frac{A}{2\,CMRR}\,(U_{i1} + U_{i2}).$$

Im Idealfall sollte der letzte Term Null sein, da er einen Fehler darstellt. Er verschwindet
nur dann, wenn CMRR sehr groß ist. A selbst kann nicht klein werden, da sonst die
Differenzverstärkung nicht ausreichen würde.

Ein typischer Wert für die Gleichtaktunterdrückung des Opperationsverstärkers 741 ist
90 dB, was einem Spannungsverhältnis von 31 600 entspricht. Wenn an den Eingängen
eines Differenzverstärkers die Spannung 1 Volt und 1,001 V liegen, die mit einer Verstärkung von 10 am Ausgang auftreten, so ergibt sich für die Ausgangsspannung

$$U_o = 10 \cdot 0{,}001 + \frac{10}{2 \cdot 31\,600} \cdot 2{,}001$$

das entspricht 0,01 V Signalspannung und einer Fehlerspannung von 0,0003165 V, was
somit einem Gleichtaktfehler von 3,165 % entspricht.

4.2. Frequenzabhängige Ersatzschaltbilder

Die Frequenzabhängigkeit des Übertragungsverhaltens eines Verstärkers wurde allgemein
im Abschnitt 1.8 besprochen, die Trennung des Gleich- und Wechselanteiles durch den
Koppelkondensator im Abschnitt 2.2. Liegt jedoch im Verstärker eine Kapazität gegen
Masse, so schwächt dies die hohen Frequenzen und verringert die Bandbreite. Wir betrachten nun die mathematische Darstellung dieses Sachverhaltes. Dabei wird das Tief-
paß-, Hochpaß- und Bandpaßverhalten durch das entsprechende Ersatzschaltbild und
die Übertragungskurve angegeben.

4.2.1. Ersatzschaltbild für die obere Grenzfrequenz

Die Streukapazität C_p gegen Masse hat die Suszeptanz $j\omega C_p$. Wenn der auf diese Parallelkapazität arbeitende Verstärker im Ersatzschaltbild (Bild 4.4 rechts) dargestellt wird, so
kann man ihn durch einen Leitwert G_S und seinen Lastwiderstand durch G_o darstellen.
Dann ergibt sich die gesamte Admittanz $G = G_S + G_o$ und

$$U = \frac{I}{G + j\omega C_p}$$

$$= \frac{I}{G} \cdot \frac{1}{1 + \dfrac{j\omega C_p}{G}}$$

$$= \frac{IR}{1 + j\,\omega CR}$$

wobei $R = 1/G$ und I der Strom des Generators ist. Dieser Verstärker hat bei hohen Frequenzen eine niedrige Verstärkung und zeigt somit das Verhalten eines Tiefpaßfilters. Wenn man mit f_2 die Frequenz bezeichnet, bei der $CR = 1/\omega_2 = 1/2\,\pi f_2$ ist, wird

$$U = \frac{IR}{1 + \dfrac{j\omega}{\omega_2}}$$

$$= \frac{IR}{1 + j\,\dfrac{f}{f_2}}$$

Somit fällt U bei konstantem Generatorstrom I um 3 dB bei der Frequenz $\omega_2 = 1/CR$ oder $f_2 = \frac{1}{2\pi CR}$ ab. Der Verstärkungsabfall über einer Frequenz von etwa $3f_2$ beträgt 6 dB/Oktave oder 20 dB/Dekade.

Dies zeigt Bild 5.3 (S. 75), aus dem auch ersichtlich ist, daß der Schnittpunkt der beiden Geraden, die den Verstärkungsverlauf annähern, beim 3 dB Punkt liegt. Dieser Punkt wird auch als *Eckfrequenz* (corner frequency) bezeichnet.

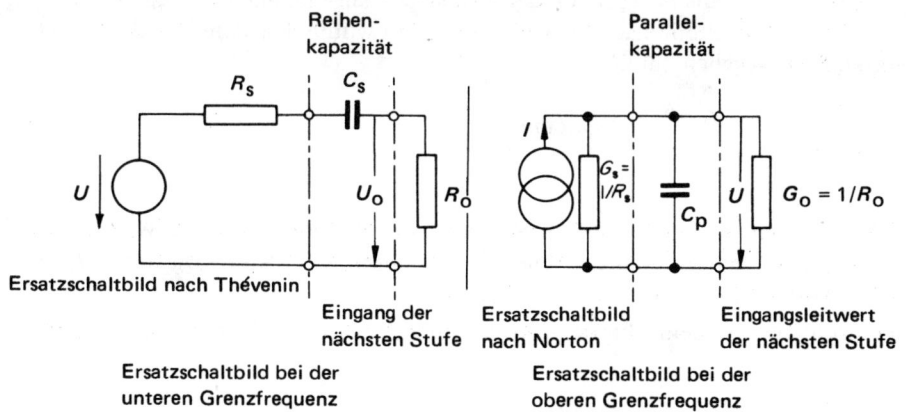

Bild 4.4. Ersatzschaltbilder für Reihen- und Parallelkapazität

4.2.2. Ersatzschaltbild für die untere Grenzfrequenz

Die Auswirkung der Reihenkapazität wird gemäß dem Ersatzschaltbild nach *Thévenin* (Bild 4.4 links) berechnet. Mit dem Quellwiderstand R_s und dem Ausgangswiderstand R_o ergibt sich

$$U_o = \frac{R_o}{R_o + R_s + \frac{1}{j\omega C_s}}\, U$$

$$= \frac{R_o}{R + \frac{1}{j\omega C_s}}\, U$$

wobei R den gesamten Reihenwiderstand bezeichnet. Damit ist die Verstärkung bei tiefen Frequenzen:

$$\frac{U_o}{U} = \frac{1}{1 + \frac{1}{j\omega CR}}\, \frac{R_o}{R} = \frac{R_o}{R}\, \frac{1}{1 - j\frac{f_1}{f}}$$

dabei ist $\omega_1 = 1/CR$ die untere 3 dB-Grenzfrequenz. Unterhalb $f_1/3$ nimmt die Verstärkung mit 6 dB/Oktave ab.

Ein mit einer Kapazität gekoppelter Wechselstromverstärker wird deshalb eine Übertragungsfunktion haben, wie sie Bild 4.5 zeigt.

4.2.3. Frequenzverhalten des Wechselspannungsverstärkers

Die meisten Verstärker haben sowohl Koppelkapazität als auch Ableitungskapazitäten und zeigen somit verschiedenes Verhalten bei tiefen, mittleren und hohen Frequenzen, wie dies Bild 4.6 zeigt.

Zwischen den oben definierten Grenzfrequenzen f_1 und f_2 liegt der *Übertragungsbereich* des Verstärkers. Die Verstärkung kann im Bereich $3\,f_1 < f < f_2/3$ in guter Näherung mit $A = R_o/R$ konstant und unabhängig von der Frequenz f angenommen werden, wie es oben aus dem Ersatzschaltbild nach *Thévenin* abgeleitet wurde. Für tiefe Frequenzen ist die Verstärkung A_t gegeben durch:

$$A_t = \frac{A}{\left(1 - j\frac{f_1}{f}\right)} = \frac{A}{\left[1 + \left(\frac{f_1}{f}\right)^2\right]^{\frac{1}{2}}}\, \underline{|\arctan\frac{f_1}{f}}$$

Hier wurde die komplexe Zahl des ersten Ausdrucks durch ihren Betrag und Winkel (siehe Abschnitt 1.7) dargestellt. (arctan x ist jener Winkel, dessen tan = x ist.) Die untere Grenzfrequenz ist durch die Koppelkapazität C_s festgelegt.

Für Frequenzen, die über dem Übertragungsbereich liegen, ist die Verstärkung A_h gegeben durch:

$$A_h = \frac{A}{\left(1 + j\frac{f}{f_2}\right)} = \frac{A}{\left[1 + \left(\frac{f}{f_2}\right)^2\right]^{\frac{1}{2}}}\, \underline{|-\arctan\frac{f}{f_2}}$$

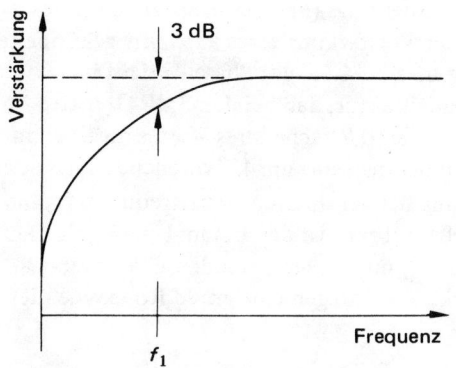

Bild 4.5
Hochpaßverhalten
und unterer
3-dB-Punkt

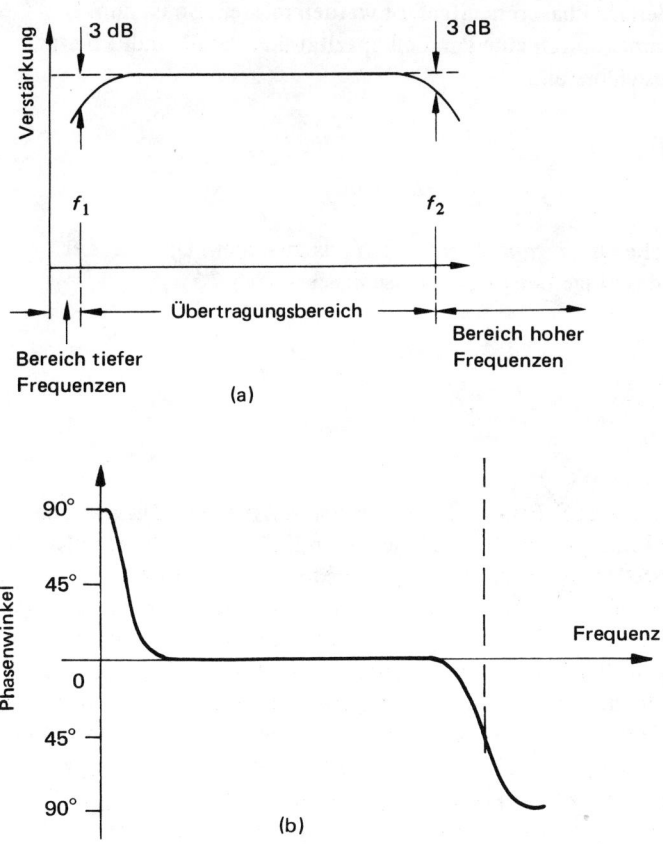

Bild 4.6. Frequenzgang der Amplitude und Phase

Dabei wird die obere Grenzfrequenz f_2 durch die Ableitungs-(Parallel)-Kapazität C_p bestimmt. Der Frequenzverlauf des Absolutwertes der Verstärkung eines kapazitiv gekoppelten Verstärkers ist gemäß den beiden obigen Formeln im Bild 4.6a, der Phasenverlauf im Bild 4.6b skizziert. Man erkennt aus dem Amplitudenfaktor, daß bei den 3 dB-Grenzfrequenzen f_1 und f_2 die Verstärkung auf das $1/\sqrt{2}$-fache (0,7)fache ihres Wertes im Übertragungsbereich gefallen ist. Aus dem Phasenverlauf findet man eine um $45°$ voreilende Phase der Ausgangsspannung gegenüber der Eingangsspannung bei der unteren Grenzfrequenz f_1 und eine um $45°$ nacheilende Phase bei f_2 (für $f = f_1$ bzw. $f = f_2$ ist der arctan $1 = 45°$, da $\tan 45° = 1$ ist). Die Grenzfrequenzen bzw. die an C_p und C_s auftretenden Phasenverschiebungen spielen für die Stabilität von Verstärkerschaltungen eine große Rolle, wie dies im Abschnitt 6.4 beschrieben wird.

4.3. Eingangsimpedanz

Die Eingangsimpedanz ist das Verhältnis zwischen der Eingangsspannung und dem Eingangsstrom, wobei beide Größen als Phasoren aufgefaßt werden müssen. So ist zum Beispiel — wenn die Eingangsklemmen durch eine Parallelkapazität und Parallelinduktivität belastet werden — der Eingangswiderstand

$$Z_i = \frac{j\omega L \frac{1}{j\omega C}}{j\omega L + \frac{1}{j\omega C}} = \frac{j\omega L}{1 - \omega^2 LC} \ .$$

Oft ist es angebracht diese Größe als *Eingangsadmittanz* Y_i darzustellen. Diese ist der Reziprokwert von Z_i und für das obige Beispiel ergibt sich:

$$Y_i = \frac{1 - \omega^2 LC}{j\omega L} \ .$$

4.4. Ausgangsimpedanz

Im Abschnitt 2.2 wurden die Generator-Ersatzschaltbilder von *Norton* und *Thévenin* behandelt, die jede Quelle als Spannungs- oder Stromgenerator mit einem bestimmten Quell- bzw. Ausgangswiderstand darstellen. Wird der Ausgang eines für kleine Signale linearen Verstärkers durch das Ersatzschaltbild nach *Thévenin* dargestellt, so findet man die Ausgangsimpedanz einfach als Quotient zwischen Leerlaufspannung und Kurzschlußstrom. Die Eingangs- und Ausgangsimpedanzen sind in frequenzabhängigen Schaltungen von großer Bedeutung, da eine Fehlanpassung, die durch ungleiche Ausgangs- und Eingangsimpedanzen zweier in Reihe geschalteter Verstärker zustande kommt, sich durch Reflexionen und Leistungsverluste auswirkt. Nur bei Anpassung kann die maximale Leistung von einem vorgeschalteten auf den nachgeschalteten Verstärker übertragen werden. Im Anpassungsfall müssen bei ohmschen Ausgangs- und Eingangsimpedanzen beide gleich sein. Gibt es jedoch Blindkomponenten im Ausgangswiderstand, so müssen sie durch den konjugiert komplexen Eingangswiderstand des folgenden Bauelementes ausgeglichen werden, um maximale Lei-

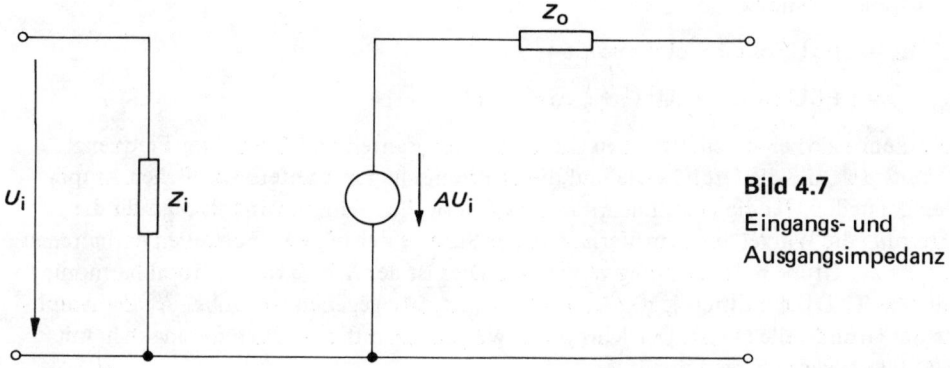

Bild 4.7
Eingangs- und
Ausgangsimpedanz

stungsübertragung (maximum power transfer) zu erreichen. In Bild 4.7 werden diese Impedanzen im Ersatzschaltbild nach *Thévenin* durch Z_i und Z_o ausgedrückt, wobei der Verstärker den Gewinn A hat.

4.5. Ausgangsleistung und Empfindlichkeit

Zur Spezifikation eines Verstärkers wird meistens dessen *maximale Ausgangsleistung* (maximum output power) angegeben und zwar entweder als Spitzenwert (Musikleistung) oder dauernd abgebbarer Wert (Sinusleistung).

Die Empfindlichkeit wird als jene Eingangsspannung definiert, die die maximale Ausgangsleistung ergibt. So gibt beispielsweise ein 100-Watt-Verstärker mit einer Ausgangsimpedanz von 8 Ω und einer Empfindlichkeit von 5 mV eine Ausgangsspannung von $(8 \cdot 100)^{1/2}$ = 28,28 Volt ab. Die Spannungsverstärkung dieses Verstärkers ist somit $28,28/5 \cdot 10^{-3} = 5656$ und in dB ausgedrückt: 20 log 5656 = 20 · 3,7525 = 75,05 dB.

4.6. Verzerrungen

Verzerrungen (distortion) entstehen in einem Verstärker durch Nichtlinearitäten und führen zu Oberwellen, die sich selbst wieder miteinander mischen und somit Differenzfrequenzen ergeben. Dies nennt man *Intermodulationsverzerrungen*. Ein übersteuerter Verstärker wird nichtlinear und erzeugt somit Harmonische und Differenzfrequenzen oder Intermodulationsprodukte an seinem Ausgang. Eine nichtlineare Übertragungskennlinie ist im Bild 4.8 skizziert. Man erkennt, daß durch eine sinusförmige Eingangsspannung gemäß dieser nichtlinearen Übertragungskennlinie Oberwellen, d. h. harmonische Verzerrungen am Ausgang entstehen.

Wenn das Eingangssignal die Form

$$u = U \cos \omega t$$

hat, so ergibt sich bei einer nichtlinearen Charakteristik

$$u_o = a + bu + cu^2 + \ldots$$

die Ausgangsspannung

$$u_o = a + bU \cos \omega t + cU^2 \cos^2 \omega t + \ldots$$

$$= a + bU \cos \omega t + cU^2 \left(\tfrac{1}{2} + \tfrac{1}{2} \cos 2 \omega t\right) + \ldots .$$

Man erkennt also einen zusätzlichen Gleichspannungsanteil und Terme der Frequenz ωt, $2 \omega t$ usw., die die Grundwelle und die Harmonischen mit unterschiedlichen Amplituden darstellen. Da die Nichtlinearitäten zu Oberwellen führen, wird als Maß für die Verzerrung die Wurzel aus dem Verhältnis der Summe der in den Oberwellen enthaltenen Leistung zur Grundwellenleistung verwendet. Dies ist der *Klirrfaktor* k (total harmonic distortion THD), der durch $k = \sqrt{A_2^2 + A_3^2 + \ldots A_n^2} / A_1$ gegeben ist, wobei A_1 die Amplitude der Grundwelle (f) ist. Der Klirrfaktor wächst i.a. mit der Aussteuerung d.h. mit der Ausgangsleistung des Verstärkers.

Wenn sich das Eingangssignal u(t) aus 2 Frequenzen ω_1 und ω_2 zusammensetzt,

$$u = A \cos \omega_1 t + B \cos \omega_2 t$$

dann ergibt eine nichtlineare Kennlinie das Ausgangssignal

$$u_o = a + b(A \cos \omega_1 t + B \cos \omega_2 t) + c(A \cos \omega_1 t + B \cos \omega_2 t)^2 + \ldots$$

in dem u.a. auch die Differenz- und die Summenfrequenzen enthalten sind. Der relative Signalanteil dieser *Intermodulationsprodukte* (intermodulation products) wird durch den *Intermodulationsgrad* oder *Differenztonfaktor* angegeben.

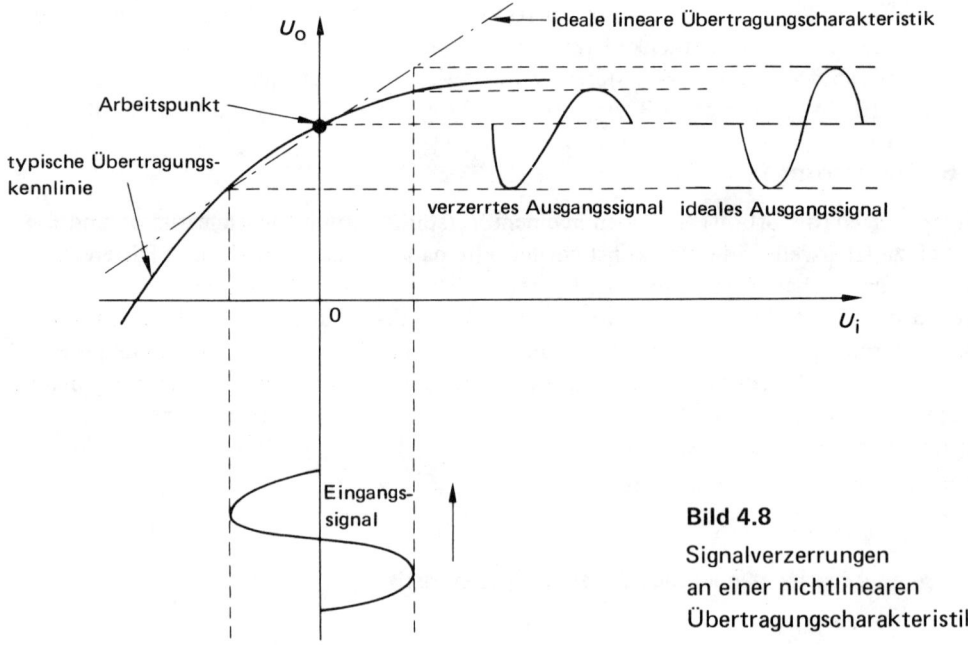

Bild 4.8

Signalverzerrungen
an einer nichtlinearen
Übertragungscharakteristik

4.7. Rauschen

Das Ausgangssignal eines Verstärkers enthält außer dem gewünschten Signal noch Brummen, Rauschen und Verzerrungsprodukte. Als Maß für das Rauschen wird das *Signal-Rauschverhältnis* (signal-to-noise ratio) angegeben. Das Rauschen selbst setzt sich aus drei Anteilen zusammen: dem *Wärmerauschen* (thermal noise) von Widerständen; dem *Schrotrauschen* (shot noise) von Röhren und Transistoren; und dem *Funkelrauschen* (flicker noise), das bei tiefen Frequenzen auftritt und auf Schwankungen in den Leitungseigenschaften verschiedener Grenz- und Oberflächen zurückzuführen ist.

4.7.1. Thermisches Rauschen

Durch die thermische Wimmelbewegung der Ladungsträger in stromführenden Bauelementen entsteht ein unregelmäßiger Anteil in Strom und Spannung dieser Bauelemente, der mit der absoluten Temperatur wächst. Das Frequenzspektrum dieses Rauschen ist für alle Frequenzen konstant und man spricht deshalb von einem *weißen Rauschen* (white noise). Diese Bezeichnung kommt daher, daß auch im weißen Licht alle Frequenzen gleich verteilt sind.

4.7.2. Schrotrauschen

Weißes Rauschen entsteht auch, wenn einzelne Ladungsträger die Katoden-Anodenstrecke einer Röhre oder die Raumladungszone einer Halbleitersperrschicht passieren. So wird beim Transistor der Schroteffekt durch die Elektronen erzeugt, die die Emitter-Basis- oder Kollektor-Basis-Sperrschicht passieren.

4.7.3. Funkelrauschen

Das thermische- und Schrotrauschen liefert bei allen Frequenzen gleiche Anteile, bei sehr tiefen Frequenzen jedoch überwiegt gegenüber diesen beiden Komponenten das Funkelrauschen. Diese Art des Rauschens ist also nicht weiß. Es entsteht durch statistische Schwankungen in emittierenden Oberflächen oder in der Ladungsverteilung an Sperrschichtoberflächen in Dioden und Transistoren. Es ist deshalb von der Oberflächenleitfähigkeit, vom Emitter- und Kollektorstrom und den Spannungswerten abhängig. Seine spektrale Verteilung entspricht einem 1/f-Verlauf und man spricht deshalb sehr oft vom 1/f-Rauschen (1/f noise). Um diese Art von Störungen möglichst klein zu halten, ist es vorteilhaft, bei niederen Kollektorspannungen und niederen Emitterströmen zu arbeiten.

4.7.4. Rauschen von Bauelementen

Nicht nur Halbleiter und aktive Bauelemente erzeugen Rauschen. Auch passive Bauteile wie z. B. Widerstände und Kapazitäten tragen wesentlich zum Rauschen bei, sofern sie nicht auf sehr tiefe Temperaturen abgekühlt sind. Das Rauschen ist besonders im Eingang aktiver Schaltungen sehr störend, etwa bei einem Verstärker mit sehr hoher Verstärkung, wie es ein Operationsverstärker ist. Bestimmte Kohlewiderstände oder Massewiderstände sowie Potentiometer tragen sehr stark zum Rauschen bei, und nur Metallfilmwiderstände hoher Qualität zeigen nur thermisches Rauschen. Eine sorgfältige Wahl der passiven Bauteile für Vorverstärker mit hoher Verstärkung ist deshalb angezeigt.

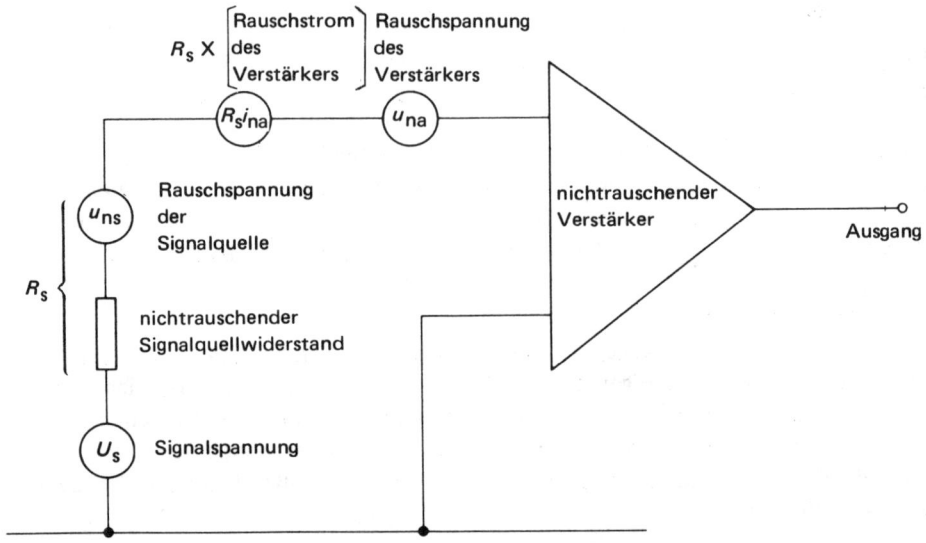

Bild 4.9. Rausch-Ersatzschaltbild des Verstärkers

4.7.5. Messung und Verminderung des Rauschens

Im normalen Betriebsfall hat das Eingangssignal eines Verstärkers ein Signal-Rauschverhältnis, das wesentlich größer als 1 ist. Der Verstärker selbst wird jedoch auch Rauschen erzeugen und der Faktor, um den das Signal-Rauschverhältnis des Eingangssignals am Ausgang des Verstärkers vermindert erscheint, wird als Rauschfaktor oder Rauschzahl F bezeichnet. Sie ist immer größer als 1 (0 dB).

Das Rauschen hängt vom Quellwiderstand der Signalspannungsquelle wesentlich ab, der so die Rauschzahl F beeinflußt. Ein rauschender Verstärker kann als nichtrauschend betrachtet werden, wenn eine *Rauschspannungs-* oder *Rauschstromquelle* (equivalent noise generator) an den Eingang des Verstärkers angeschlossen wird. Wie Bild 4.9 zeigt, kann die Rauschstromquelle i_{na} durch eine Rauschspannungsquelle mit der Spannung $R_s\,i_{na}$ ersetzt werden. Daraus erkennt man den wesentlichen Einfluß des Quellwiderstandes R_s auf die Rauschspannung am Eingang eines Verstärkers.

4.8. Umgebungseinflüsse

4.8.1. Temperatur

Die meisten elektronischen Bauelemente verändern ihre Kenngrößen wie z.B. Stromverstärkung, Stabilität usw. mit der Temperatur. Auch andere Parameter können sich ändern und auch zum Ausfall einer Schaltung führen. Die für einen Verstärker angegebenen Kenngrößen werden meistens in einem Temperaturintervall zwischen 0 und 50 °C definiert.

4.8.2. Druck

Der Einfluß des Druckes ist nur in großer Tiefe unter dem Meeresspiegel oder in sehr
großer Höhe von Bedeutung, wie etwa im Weltraum. Eine Zerstörung der Bauelemente
kann durch den Luftdruck der im Bauelement eingeschlossenen Luft entstehen, wenn
dieses ins Vakuum gebracht wird und es müssen bestimmte Vorsichtsmaßnahmen bei
Raumexperimenten zur Verhinderung dieser Fehler getroffen werden.

4.8.3. Feuchtigkeit

Durch die Feuchtigkeit ändert sich die Isolation zwischen den einzelnen Komponenten
und den aktiven Bauelementen. Dieser Einfluß kann beherrscht werden, wenn die gesamte Schaltung vergossen oder gekapselt wird.

4.8.4. Änderungen in der Stromversorgung

Die Kennwerte und Arbeitspunkte des Verstärkers ändern sich mit der Betriebsspannung.
Deshalb muß man Stabilisierschaltungen mit großer Konstanz für die Versorgungsspannungen vorsehen. Um den Einfluß von Brummen und Rauschen vom Netz her zu verhindern, muß eine wirksame Siebung vorgesehen werden. Im 8. Kapitel werden Spannungs-
reglerschaltungen vorgestellt, die diese Forderungen erfüllen.

5. Rückkopplung

Die *Rückkopplung* (feedback) tritt in verschiedener Form in fast allen Verstärkern auf.
Sie kann beispielsweise als unerwünschte Rückwirkung über Streukapazitäten wirksam
werden, wie dies im ersten Kapitel erwähnt wurde. Solche störenden Effekte müssen
durch Kompensationsschaltungen oder bewußte Rückkopplung klein gehalten werden.
Letzteres kann etwa durch die Verbindung von Ein- und Ausgang einer Schaltung durch
eine Vielfalt verschiedener Netzwerke geschehen. Der Verstärker, der im Abschnitt 3.6
beschrieben wurde, hat keine beabsichtigte Rückkopplung. Es treten deshalb in dieser
Schaltung viele unerwünschte Eigenschaften wie Nichtlinearitäten, Verzerrungen und
Fehlanpassung von Impedanzen auf. Die Schaltung des Abschnittes 3.7 beinhaltet jedoch
negative Rückkopplung (negative feedback) oder Gegenkopplung, die die oben erwähnten
unerwünschten Effekte wesentlich reduziert.

Die andere Art der Rückkopplung, die postive Rückkopplung oder *Mitkopplung* (positive
feedback) ist oft störend und für die Schaltung abträglich, indem sie beispielsweise zu unerwünschten Schwingungen führt. Sie kann jedoch absichtlich eingeführt werden, um

einen Verstärker zu einem Oszillator für eine bestimmte Frequenz zu machen. Das folgende Kapitel beschreibt die grundlegenden Prinzipien der negativen und positiven Rückkopplung und dient als Einführung für den Operationsverstärker im 6. und 7. Kapitel, wobei eine oder beide Arten der Rückkopplung in den jeweiligen Schaltungen angewendet wird.

5.1. Begriffsbestimmungen rückgekoppelter Verstärker

Ein nicht rückgekoppelter Verstärker hat die offene oder *Leerlaufverstärkung* (open loop gain), die üblicherweise mit A bezeichnet wird. Wenn ein Teil des Ausgangssignals an den Eingang zurückgeführt wird, wird die Verstärkung dieser nun entstandenen Schaltung als *Spannungsverstärkung* A' oder v' des gegengekoppelten Verstärkers (closed-loop gain) bezeichnet. Um einen Verstärker sowohl für positive als auch für negative Rückkopplung zugänglich zu machen, werden zwei Eingänge vorgesehen: (a) der nichtinvertierende Eingang, dessen Spannung in der gleichen Polarität verstärkt wird, so daß eine Rückkopplung zur Mitkopplung führt, (b) der invertierende Eingang, dessen Spannung in der umgekehrten Polarität am Ausgang verstärkt auftritt, so daß eine Rückkopplung zur Gegenkopplung führt. Zu diesem Zweck wird der im Abschnitt 3.12 besprochene Differenzverstärker herangezogen. Er kann leicht als nichtinvertierender Verstärker geschaltet werden, wenn der invertierende Eingang an Masse gelegt wird und umgekehrt. Beide Eingänge können gleichzeitig zur Differenzverstärkung benutzt werden. Die Gegenkopplung wurde früher manchmal als *degenerative* Rückkopplung und die Mitkopplung als *regenerative* Rückkopplung bezeichnet.

Es gibt vier prinzipielle Möglichkeiten der Rückkopplung: *Serien-Reihen-*(series voltage), Reihen-Parallel- (series current), *Parallel-Reihen-* (shunt voltage) und *Parallel-Parallel-* (shunt current). Diese Möglichkeiten werden in Bild 5.1 skizziert. Es wird entweder die Ausgangsspannung geteilt (Serie, Reihe) oder über einen Widerstand eine dem Ausgangsstrom proportionale Spannung abgenommen (parallel). Diese Größen können entweder zur Eingangsspannung (in Reihe oder Serie) oder zum Eingangsstrom (parallel) addiert werden. Eine Kombination von Strom und Spannungsrückkopplung wird mit *Hybridrückkopplung* (hybrid feedback) bezeichnet. Diese Schaltungen können sehr hohen Anforderungen bezüglich Impedanzanpassung, Verzerrung, Frequenzverhalten usw. genügen.

5.2. Spannungsgesteuerte Spannungsrückkopplung

Diese Serien-Serien-Rückkopplung wird häufig bei Operationsverstärkern (7. Kapitel) verwendet und arbeitet so, daß ein Teil der Ausgangsspannung, der durch einen Spannungsteiler eingestellt wird, dem Eingang des Verstärkers zugeführt wird. (Bild 5.1a) Je nachdem, ob positive oder negative Rückkopplung herzustellen ist, wird die rückgeführte

Bild 5.1. Serien-Serien- (a), Serien-Parallel- (b), Parallel-Serien- (c), Parallel-Parallel- ➤
          Rückkopplung (d).

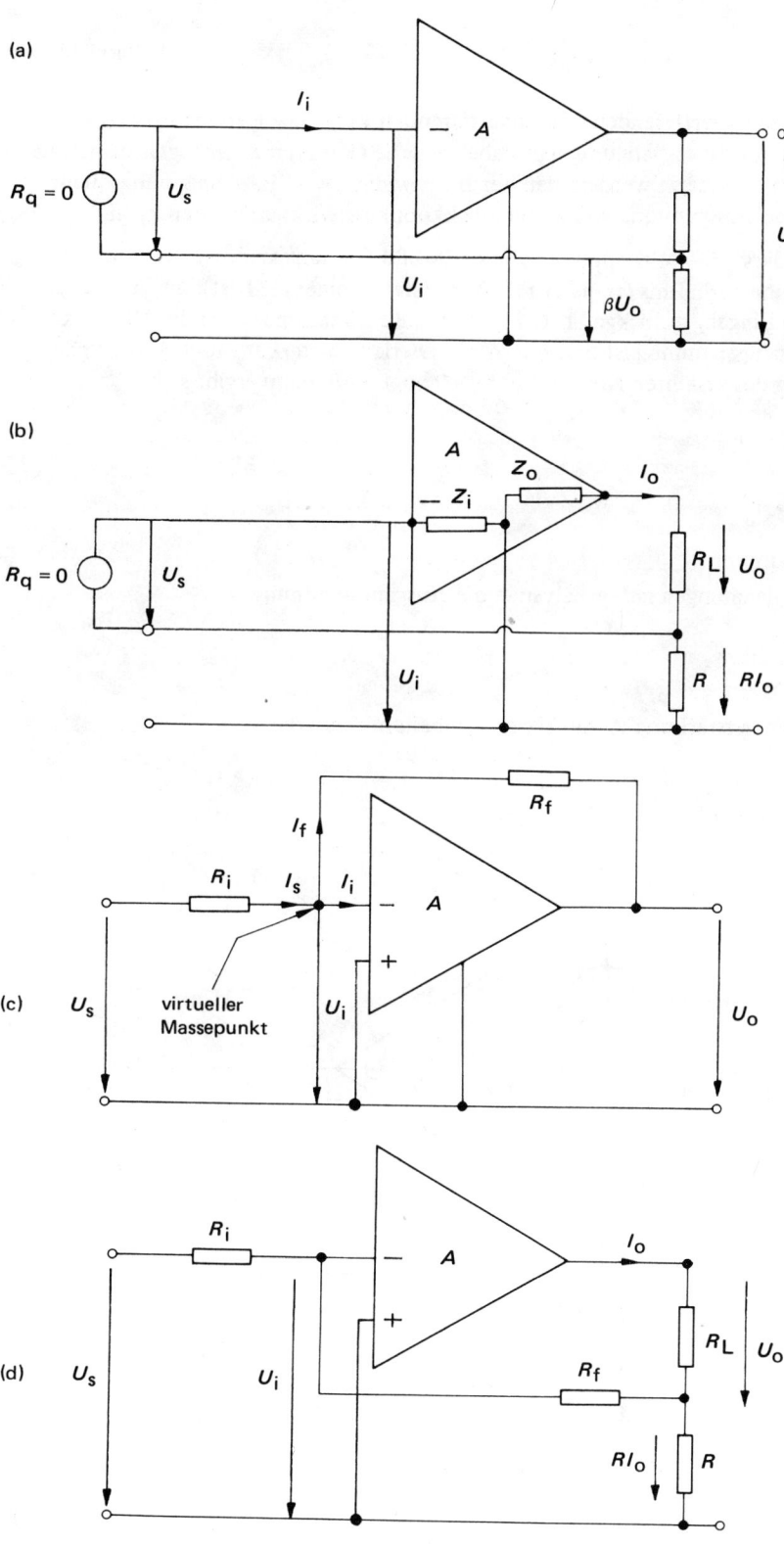

(a)

$R_q = 0$ U_s I_i A out

U_i U_o βU_o

(b)

$R_q = 0$ U_s A Z_i Z_o I_o

R_L U_o U_i R RI_o

(c)

R_f I_f R_i I_s I_i A

virtueller Massepunkt

U_s U_i U_o

(d)

R_i A I_o

R_L U_o U_s U_i R_f RI_o R

Spannung dem nichtinvertierenden oder invertierenden Eingang zugeführt. Der rückgekoppelte Teil der Ausgangsspannung liegt dabei in Serie (Reihe) mit der Signalspannungsquelle. Es muß vorausgesetzt werden, daß der Innenwiderstand dieser Spannungsquelle 0
ist, damit die Ausgangsspannung voll in der Rückkopplung wirksam werden kann.

Wir betrachten zuerst eine Mitkopplung, wie sie in Bild 5.2 dargestellt ist. Es wird der
Teil β (Übertragungsverhältnis (transfer ratio), das stets kleiner als 1 ist), der Ausgangsspannung an den Eingang zurückgeführt. Wenn U_i die Eingangsspannung des Verstärkers
und U_o die Ausgangsspannung ist und mit A die Leerlaufverstärkung und A' die Spannungsverstärkung des gesamten Netzwerkes bezeichnet wird, dann ergibt sich

$$U_o = AU_i$$

und

$$U_i = U_s + \beta U_o$$

mit der Signalspannung U_s.

Löst man diese Gleichungen auf, erhält man die Ausgangsspannung

$$U_o = \frac{U_s A}{1 - A\beta}$$

und die Spannungsverstärkung A' des rückgekoppelten Verstärkers

$$A' = \frac{U_o}{U_s} = \frac{A}{1 - A\beta}$$

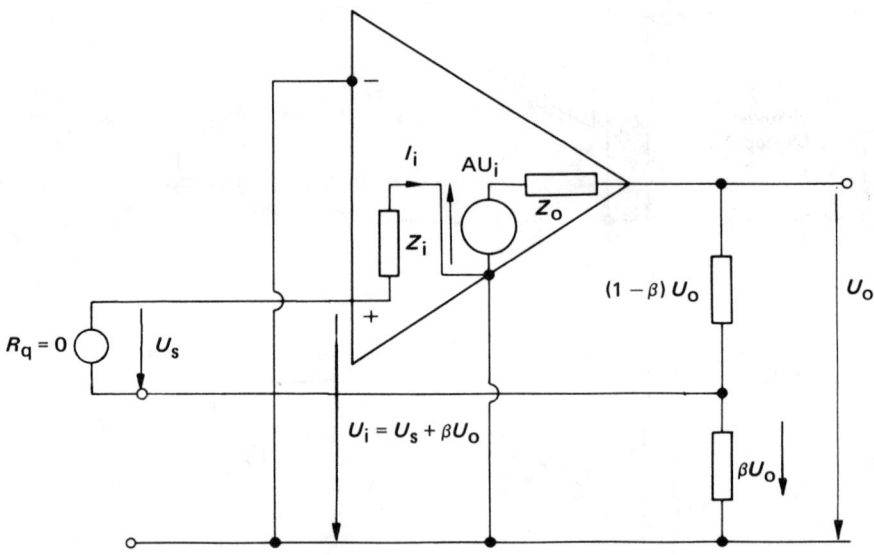

Bild 5.2. Spannungsgesteuerte Reihenrückkopplung

Das Produkt $A\beta$ wird als *Schleifenverstärkung* (loop gain) bezeichnet und bestimmt die Veränderung aller Eigenschaften des Verstärkers durch die Rückkopplung. Wir sehen, daß die Mitkopplung die Verstärkung erhöht, was im folgenden Beispiel gezeigt werden soll. Wenn $A = 10$ und $\beta = 0,05$ ist, ergibt sich die Schleifenverstärkung mit 0,5 und die Spannungsverstärkung mit $10/(1 - 0,5) = 20$. Wenn jedoch $A\beta = 1$ ist, wird die Spannungsverstärkung $A/(1 - 1) \to \infty$ und der Verstärker wird instabil.

Nun soll die Gegenkopplung betrachtet werden, bei der ein Teil der Ausgangsspannung dem invertierenden Eingang des Verstärkers zugeführt wird, so daß wir nun für die Leerlaufverstärkung $-A$ annehmen müssen. Demgemäß wird auch die Schleifenverstärkung negativ und die Spannungsverstärkung ist nun $A' = -A/[1 - (-\beta A)] = -A/(1 + \beta A)$. Als Spannungsverstärkung erhalten wir nun $A' = -10/(1 + 0,5) = -10/1,5 = -6,7$ bei Verwendung obiger Werte. Man erkennt daraus, daß die negative Rückkopplung den Gewinn verringert. Wenn die Schleifenverstärkung $A\beta$ größer als 10 ist, kann man dem gegenüber näherungsweise 1 vernachlässigen, und wir erhalten: $A' = 1/\beta$. Daraus folgt: die Spannungsverstärkung ist nun von der offenen Leerlaufverstärkung unabhängig.

5.3. Spannungsgesteuerte Stromgegenkopplung

Die Parallel-Serien-Rückkopplung (Bild 5.1c) ist die zweite in Operationsverstärkerschaltungen häufig angewendete Rückkopplungsart. Hier wird die Ausgangsspannung über einen Widerstand R_f dem Eingang zugeführt und ein weiterer Widerstand R_i leitet das Eingangssignal U_s an die Eingangsklemme. Das Eingangssignal I_s und Rückkopplungssignal I_f werden am invertierenden Eingang des Verstärkers summiert, den man als *Summationspunkt* (summing junction) bezeichnet. Da der Eingangswiderstand des Verstärkers sehr hoch ist, fließt fast kein Strom I_i in den Eingang und deshalb müssen die Ströme I_s und I_f gleich sein. Ist die Leerlaufverstärkung A des Verstärkers sehr groß, so ist nur eine verschwindend kleine Eingangsspannung U_i am Verstärker notwendig, um eine Ausgangsspannung U_o hervorzurufen. Es liegt also die invertierende Eingangsklemme des Verstärkers potentialmäßig fast an Masse und man bezeichnet diesen Punkt als *virtuelle Masse* (virtual earth).

In Formeln ausgedrückt:

$$I_s = I_f \quad \text{oder} \quad \frac{U_s}{R_i} = -\frac{U_o}{R_f} \quad \text{und}$$

$$A' = \frac{U_o}{U_s} = -\frac{R_f}{R_i}.$$

Beispielsweise ist für $R_f = 100$ kΩ und $R_i = 10$ kΩ die Verstärkung $A' = -10$.

5.4. Stromgesteuerte Spannungsgegenkopplung

In der Serien-Parallel-Rückkopplung gemäß Bild 5.1b ist die rückgekoppelte Spannung dem Ausgangsstrom proportional. Sie wird in den Eingang eingespeist, wobei zu beachten ist, daß die Spannungsquelle des Eingangssignals für das rückgekoppelte Signal einen Kurzschluß darstellt.

Es ist somit $U_i = U_s + I_o R$, wobei R der Widerstand im Ausgangskreis ist, an dem die Rückkopplungsspannung abgenommen wird. Da der Lastwiderstand R_L in Reihe mit R geschaltet ist, müssen die Verhältnisse für eingeschalteten und kurzgeschlossenen Lastwiderstand getrennt untersucht werden. Ist der Lastwiderstand R_L eingeschaltet, so ergibt sich mit den Eingangswiderstand Z_i des Verstärkers, dem Ausgangswiderstand Z_o des Verstärkers und der offenen Leerlaufverstärkung A:

$$I_o = \frac{AU_i}{Z_o + R_L + R} = \frac{A(U_s + I_o R)}{Z_o + R_L + R}$$

und

$$A' = \frac{I_o R_L}{U_s} = \frac{A\left(R_L + \dfrac{I_o R R_L}{U_s}\right)}{Z_o + R_L + R}$$

$$= \frac{A(R_L + A'R)}{Z_o + R_L + R} = \frac{AR_L}{Z_o + R_L + R(1 - A)}$$

Ist die Leerlaufverstärkung A sehr groß ($A \to \infty$), wird die Gesamtverstärkung A' nur durch R_L und R bestimmt: $A' = -R_L/R$ entsprechend dem Resultat des Abschnitts 3.6. Wird R_L kurzgeschlossen, d. h. der Kurzschlußstrom in den Ausgang geliefert, so ist die Spannungsverstärkung $A' = 0$. Bei offenem Ausgang ($R_L \to \infty$) ist $A' = A$.

5.5. Auswirkung der Gegenkopplung auf die Eigenschaften des Verstärkers

Die stromgesteuerte Stromgegenkopplung (Bild 5.1d) ist kompliziert und wird üblicherweise beim Entwurf linearer Schaltungen nicht angewendet. Es wird im folgenden auf die Eigenschaften der spannungsgesteuerten Seriengegenkopplung (Bild 5.1a) näher eingegangen. Ihre Auswirkungen auf die Stabilität der Verstärkung, die Eingangsimpedanz, die Ausgangsimpedanz, die Bandbreite, die Verzerrungen und auf das Rauschen werden diskutiert.

5.5.1. Stabilisierung der Verstärkung

Schwankungen der Verstärkung können durch die Anwendung der Gegenkopplung ausgeglichen werden. Diese Schwankungen können auf Änderungen der Transistorparameter oder der Versorgungsspannungen zurückgeführt werden und die Eigenschaften des Verstärkers stark beeinflussen. Um die Wirkung der Gegenkopplung zu berechnen, müssen zuerst die entsprechenden Gleichungen differenziert werden.

$$A' = \frac{A}{1 - A\beta}$$

$$\frac{dA'}{dA} = \frac{(1 - A\beta) - A(-\beta)}{(1 - A\beta)^2}$$

$$= \frac{1}{(1 - A\beta)^2} = \frac{1}{1 - A\beta}\frac{A'}{A}$$

Es kann nun die Änderung der Verstärkung dA' auf die Verstärkung A bezogen werden:

$$\frac{dA'}{A} = \frac{1}{1 - A\beta} \frac{dA}{A}.$$

Die Stabilität der Verstärkung wird durch Gegenkopplung um den Faktor $(1 - A\beta)$ verbessert (A ist ein großer negativer Wert). Auf diese Weise verhütet die Gegenkopplung Schwankungen des Gewinns A', die durch kleine Änderungen der Leerlaufverstärkung A zustandekommen könnten. Es sei beispielsweise eine Verringerung der Leerlaufverstärkung von 1000 auf 800 angenommen, dann wirkt sich eine Gegenkopplung mit $\beta = 0,05$ folgendermaßen aus:

$$\text{bei Leerlaufverstärkung 1000:} \quad A' = \frac{-1000}{1 - (-1000 \cdot 0,05)} = \frac{-1000}{51} = -19,608$$

$$\text{bei Leerlaufverstärkung } \ 800: \quad A' = \frac{-800}{1 - (-800 \cdot 0,05)} = \frac{-800}{41} = -19,512$$

Es hat sich also die ursprüngliche Schwankung von 20 % der offenen Leerlaufverstärkung auf eine Schwankung von 0,5 % in der Gesamtverstärkung reduziert und es ist keine Anhebung der Verstärkung von 800 auf 1000 notwendig, um einen genügend stabilen Gewinn des Verstärkers zu gewährleisten.

5.5.2. Ausgangsimpedanz

An Hand der in Bild 5.2 dargestellten spannungsgesteuerten Spannungsgegenkopplung soll der Einfluß der Rückkopplung auf den Ausgangswiderstand berechnet werden.

Aus dem *Théveninschen* Theorem folgt der Ausgangswiderstand als Verhältnis der Ausgangsleerlaufspannung U_{oc} zum Ausgangskurzschlußstrom I_{sc}.

$$U_{oc} = \frac{AU_i}{1 - A\beta}$$

$$I_{sc} = \frac{AU_i}{Z_o}$$

So ergibt sich der Ausgangswiderstand

$$Z_o' = \frac{AU_i}{1 - A\beta} \frac{Z_o}{AU_i}$$

$$Z_o' = \frac{Z_o}{1 - A\beta}$$

Man erkennt daraus, daß sich auch der Ausgangswiderstand um den Faktor $(1 - A\beta)$ verringert hat. So wird beispielsweise aus einem Verstärker mit dem Ausgangswiderstand 1 kΩ und einer Verstärkung von $A = -100$ durch eine Rückkopplung mit $\beta = 0,05$ ein verringerter Ausgangswiderstand von

$$Z_o' = \frac{1000}{1 - (-100 \cdot 0,05)} = \frac{1000}{6} = 166 \ \Omega.$$

5.5.3. Eingangswiderstand

Der Eingangswiderstand eines Verstärkers wird durch die Spannungs-(Serien-)Gegen-kopplung) erhöht und durch die Stromgegenkopplung erniedrigt. Aus Bild 5.1c ist er-sichtlich, daß die Stromgegenkopplung zur Bildung eines virtuellen Massepunktes führt. Dies ist auf den Verstärker mit sehr großem Eingangswiderstand Z und sehr großer Verstärkung zurückzuführen, bei dem der Eingangsstrom verschwindet und durch die hohe Verstärkung die Eingangsklemme nahezu auf Massepotential gelegt wird. Der Eingangsleitwert Y_i des Verstärkers an seiner Eingangsklemme ist:

$$Y_i = \frac{I_f + I_i}{U_i} = \frac{-\dfrac{U_o}{Z_f} + \dfrac{U_i}{Z}}{U_i} = -\frac{A}{Z_f} + \frac{1}{Z}$$

Dies entspricht einer Parallelschaltung von Z_f/A und Z. Auf diese Weise wurde die Ein-gangsimpedanz des Verstärkers selbst durch die Gegenkopplung wesentlich reduziert, ob-wohl die Eingangsimpedanz der Gesamtschaltung etwa dem Wert R_i entspricht.

Die Spannungs-Serien-Gegenkopplung, wie sie im Bild 5.2 dargestellt ist, hat eine Ein-gangsimpedanz zur Folge, die wiederum aus dem Quotienten U_i/I_i berechnet werden kann. Die Eingangsspannung ist $U_i = U_s/(1 - A\beta)$ und folglich, $Z_i' = (1 - A\beta) Z_i$, wobei $Z_i' = U_s/I_i$ und $Z_i = U_i/I_i$ ist. Somit erhöht die Spannungsgegenkopplung den Eingangs-widerstand des Verstärkers um den Rückkoppelfaktor.

5.5.4. Bandbreite

Im Abschnitt 4.2 wurde die Ausgangsspannung eines Verstärkers, der durch Parallelkapa-zitäten bei den hohen Frequenzen in seiner Übertragung abfällt, abgeleitet:

$$U = \frac{IR}{1 + j\dfrac{f}{f_2}}.$$

Hier wird mit U die Ausgangsspannung bei der Frequenz f und mit IR die Quellspan-nung des Generators bei tiefen Frequenzen bezeichnet. Die Verstärkung bei hohen Fre-quenzen A ist deshalb die Verstärkung A_{vo} bei niederen Frequenzen, geteilt durch den Faktor $(1 + jf/f_2)$. Dabei ist f_2 der 3-dB-Punkt (die Bandbreite) und das Gewinn-Band-breiteprodukt $|A_{vo}| f_2$. Für die gegengekoppelte Schaltung ergibt sich die *Gesamtver-stärkung* (closed loop gain):

$$A' = \frac{A_{vo}}{\left(1 + j\dfrac{f}{f_2}\right) - A_{vo}\beta}$$

$$= \frac{\dfrac{A_{vo}}{1 - A_{vo}\beta}}{1 + \dfrac{jf}{f_2(1 - A_{vo}\beta)}}$$

Dieser Ausdruck ist ähnlich dem der Leerlaufverstärkung, jedoch wurde die Grenzfrequenz auf den Wert $f_2 \times (1 - A_{vo}\beta)$ erhöht. Nun wird das Gewinn-Bandbreiteprodukt

$$\frac{|A_{vo}| \cdot f_2(1 - A_{vo}\beta)}{(1 - A_{vo}\beta)} = |A_{vo}| \cdot f_2$$

genauso groß wie der frühere Wert. Es hat sich also die Bandbreite um denselben Faktor erhöht, um den sich der Gewinn verkleinert hat. Dieser Faktor ist $(1 - A_{vo}\beta)$. Wie das Bild 5.3 zeigt, bleibt das Gewinn-Bandbreite-Produkt durch die Gegenkopplung unverändert.

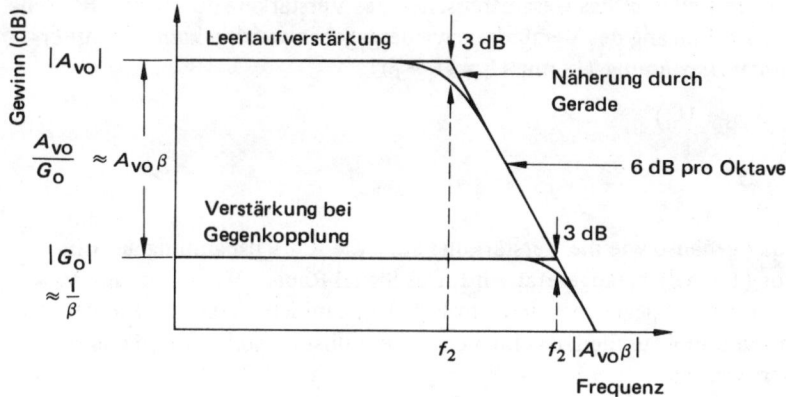

Bild 5.3. Frequenzverhalten bei Leerlaufverstärkung und bei gegengekoppelter Schaltung

5.5.5. Verzerrungen

Die in einem Verstärker auftretende Verzerrung möge durch die Spannung U_d wiedergegeben werden, wobei die Ausgangsspannung $U_o = AU_i + U_d$ ist und U_d aus den harmonischen und Intermodulationsverzerrungen zusammengesetzt ist. Für die spannungsgesteuerte Seriengegenkopplung ist (Bild 5.2)

$$U_i = U_s + \beta U_o$$

und mit Verzerrungen:

$$U_o = A(U_s + \beta U_o) + U_d$$

$$= \frac{AU_s}{1 - A\beta} + \frac{U_d}{1 - A\beta}$$

Man erkennt daraus, daß die Verzerrungen um den Rückkopplungsfaktor $(1 - A\beta)$ herabgesetzt werden, wenn die Gegenkopplungsschleife geschlossen wird. Hier wurde jedoch angenommen, daß U_d relativ klein ist, und der Verstärker als linear angesehen

werden kann. Wird der Verstärker bis in die Sättigung ausgesteuert, dann wird U_d sehr
groß und der jetzt nichtlineare Verstärker folgt nicht mehr den einfachen Gesetzen der
Gegenkopplung.

5.5.6. Rauschen

Ähnlich wie Verzerrungen können auch Brummen und Rauschen am Ausgang des Verstärkers auftreten. Soweit diese Störspannungen in dem betrachteten Verstärker entstehen, sind sie genauso wie Verzerrungen zu behandeln und können als Rausch- bzw.
Brummspannung am Ausgang des Verstärkers dargestellt werden. Diese Größen sind
dann genauso wie U_d zu behandeln.

Wie betrachten nun den Fall, daß das Gesamtrauschen des Verstärkers durch eine Rauschspannungsquelle U_n am Eingang des Verstärkers wiedergegeben werden kann. Damit ergibt sich für die Ausgangsspannung U_o mit $U_i = U_s + \beta U_o$

$$U_o = A(U_s + \beta U_o + U_n)$$

$$= \frac{A(U_s + U_n)}{1 - A\beta}.$$

Es zeigt sich also, daß genauso wie die Verstärkung auch die Rauschspannung am Eingang um den Faktor $(1 - A\beta)$ herabgesetzt wird. Das Signal-Rausch-Verhältnis am Ausgang ändert sich jedoch nicht gegenüber dem am Eingang, nämlich U_s/U_n. Es können deshalb nur Verzerrungen und Rauschen, das im Verstärker selbst entsteht, durch Gegenkopplung vermindert werden.

5.6. Instabilitäten in gegengekoppelten Verstärkern

Bei den Betrachtungen der Gegenkopplung im Abschnitt 5.2 wurde eine Phasenverschiebung von $180°$ zwischen dem Eingang und dem Ausgang des invertierenden Verstärkers
angenommen. In diesem Abschnitt wurde auch gezeigt, daß Mitkopplung oder positive
Rückkopplung auftritt, wenn die Phasenverschiebung zwischen dem Eingang und Ausgang $0°$ oder $360°$ beträgt. Dies führt zur Selbsterregung und zu Schwingungen.

Für den idealen invertierenden Verstärker sind also $180°$ Phasenverschiebung zwischen
Eingangs- und Ausgangsspannung für ideale Gegenkopplung notwendig. Durch Parallel-
kondensatoren kann sich jedoch dieser Winkel um ganzzahlige Vielfache von $90°$ erhöhen, wie im Abschnitt 4.2.3.gezeigt wurde. Aus dem Bild 4.6 ist ersichtlich, daß ein
Serienkondensator (z.B. für Wechselspannungskopplung) bei tiefen Frequenzen eine
Phasenverminderung um $90°$ auf $90°$ Phasenwinkel bewirkt und daß ein Parallelkondensator, wie er bei allen oberen Grenzfrequenzen auftritt, eine Zunahme des Phasenwinkels
von $180°$ auf $270°$ bedingt. Werden also zwei oder mehrere Verstärkerstufen, die alle
naturgemäß durch ihre Belastung mit Parallelkapazitäten eine obere Grenzfrequenz haben,
hintereinander geschaltet, so addieren sich die Phasenverschiebungen dieser einzelnen
Verstärkerstufen und können zu einer gesamten Phasenverschiebung von $360°$ führen,
wodurch diese Schaltung instabil wird. Diese zusätzliche Phasenverschiebung kann auch
durch beliebige RC-Tiefpaßglieder in der gesamten Gegenkopplungskette auftreten.

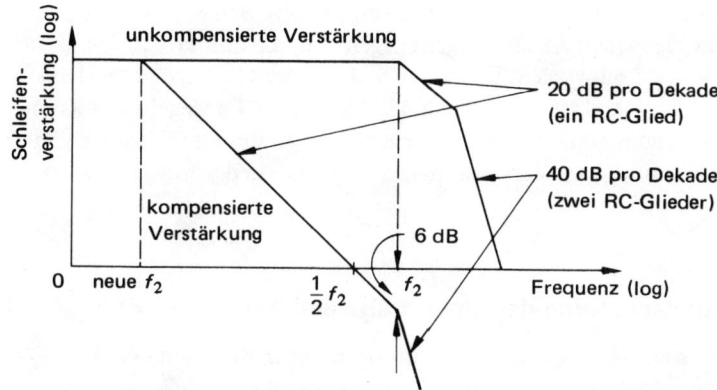

Bild 5.4. Kompensationsmaßnahme zur Vermeidung von Instabilität bei Gegenkopplung

Bild 5.4 zeigt diese Verhältnisse für zwei hintereinander geschaltete einstufige Verstärker oder RC-Glieder. Man erkennt durch Vergleich mit dem Abschnitt 4.2.2.und dem Bild 4.5, daß dort, wo in der logarithmischen Darstellung der Verstärkung über der Frequenz die Verstärkung mit 20 dB pro Dekade abfällt, die zusätzliche Phasenverschiebung durch das RC-Glied oder den Verstärker 90° beträgt. Über der zweiten Eckfrequenz fällt die Verstärkung mit 40 dB pro Dekade ab. Hier beträgt die zusätzliche Phasenverschiebung bereits 180°, die sich zu den 180° des invertierenden Verstärkers addieren, was zu 360° Gesamtphasenverschiebung führt und die Selbsterregung der Schaltung hervorruft. In Bild 5.4 ist auch angegeben, wie dieser unerwünschte Effekt verhindert werden kann: Man beaufschlagt den Verstärker mit einem großen Parallelkondensator, der die untere Grenzfrequenz f_2 wesentlich herabsetzt, so daß im gesamten Verstärkungsbereich ein Abfall von 20 dB pro Dekade und damit eine Phasenverschiebung von höchstens 90° auftritt. Der in diesem Bild dargestellte Zusammenhang zwischen dem Verlauf der Verstärkungskurve und dem Phasenwinkel wird als *Bodediagramm* bezeichnet.

Eine mehr quantitative Betrachtung der Stabilitätsverhältnisse in Verstärkern muß von der Formel für die Gesamtverstärkung A' ausgehen:

$$| A'| = \frac{|A|}{|(1 - A\beta)|} \; .$$

Der Nenner dieses Ausdrucks für die Gesamtverstärkung A' charakterisiert die Rückkopplungsverhältnisse. Ist er größer als 1, so wird die Verstärkung A herabgesetzt und es liegt Gegenkopplung vor. Ist er kleiner als 1, so wirkt die Rückkopplung entdämpfend: A' ist größer als A und es liegt Mitkopplung vor. Diese Mitkopplung kann zur Instabilität führen, wenn der Nenner $(1 - A\beta) = 0$ wird. Dann erregt sich die Schaltung selbst. Durch die Betrachtung der Schleifenverstärkung $A\beta$ erkennt man also die Dimensionierungsvorschrift für die verschiedenen Fälle: $A\beta$ muß wesentlich größer als 1 und negativ sein, um Gegenkopplung zu erreichen. Der oben besprochene Umschlag von der Gegenkopplung zur Mitkopplung tritt dann ein, wenn sich die Phase von $A\beta$ um 180° dreht: Dann wird aus einer großen negativen Schleifenverstärkung eine große positive Schleifenverstärkung und der Nenner im oben angegebenen Ausdruck geht gegen 0 und damit erregt sich der Verstärker selbst und beginnt zu schwingen. Es muß hier $A\beta$ seinem Betrage nach kleiner als 1 sein, damit der Verstärker stabil ist. Deshalb sind die im Bild 5.4 angegebenen Kompensationsmaßnahmen notwendig, um eine Phasendrehung, die größer als 90° ist und damit eine Vorzeichenumkehr von $A\beta$ im Verstärkungsbereich bewirken würde, zu verhindern.

5.7. Invertierende Grundschaltung des Operationsverstärkers

Fast alle der bisher diskutierten Gegenkopplungsschaltungen haben die spannungsgesteuerte Spannungsgegenkopplung verwendet (Bild 5.1a), bei der die Gegenkopplungsspannung mit Hilfe eines Spannungsteilers am Ausgang abgeleitet wird. *Operationsverstärker* (operational amplifiers) werden so entworfen, daß ihre Eigenschaften von der äußeren Gegenkopplungsschaltung unabhängig sind und daß umgekehrt die Verstärkung der gesamten Schaltung von den Eigenschaften des Operationsverstärkers unabhängig wird und nur durch die Komponenten der Gegenkopplung Z_f und Z_s bestimmt wird, wie dies Bild 5.5 zeigt. Hier wird eine spannungsgesteuerte Stromgegenkopplung eingesetzt, die im Abschnitt 5.3 als Beispiel für eine Herabsetzung des Eingangswiderstandes durch Rückkopplung besprochen wurde. Auch bei der Behandlung der Eigenschaften der Schaltung gemäß Bild 5.1c wurden die Verhältnisse eines Operationsverstärkers vorausgesetzt, insbesondere daß durch den verschwindend kleinen Eingangsstrom des Verstärkers A eine virtuelle Masse an seiner Eingangsklemme entsteht. Es ergibt sich somit, daß der Strom durch den Widerstand Z_f gleich ist dem Eingangsstrom I_s, also $U_o/Z_f = -U_i/Z_s$. Die Gesamtverstärkung A' der Schaltung ist durch den Quotienten U_o/U_i gegeben d. h. näherungsweise $-Z_f/Z_s$ und kann in dieser einfachen Darstellung durch geeignete Wahl von Z_f und Z_s so ausgelegt werden, daß der Verstärker bestimmte mathematische Operationen durchführt. Daher kommt der Name Operationsverstärker. Z_f und Z_s können rein ohmisch sein. In diesem Fall wirkt die Schaltung als gewöhnlicher Verstärker, der mit Dem Faktor $k = -R_f/R_s$ die Eingangsspannung multipliziert. Es kann auch für Z_f und Z_s eine Kapazität und ein Widerstand genommen werden, woraus sich Integratoren, Differenzierer oder noch kompliziertere funktionale Schaltungen ergeben, wie dies im 7. Kapitel beschrieben wird.

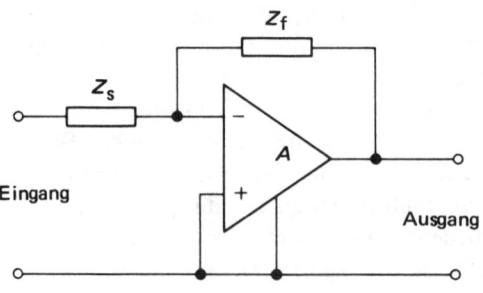

Bild 5.5

Invertierende Grundschaltung des Operationsverstärkers

Abschließend seien noch die Eigenschaften der invertierenden Grundschaltung des Operationsverstärkers zusammengestellt:

1. Gesamte Spannungsverstärkung $A' \approx -Z_f/Z_s$
2. Eingangswiderstand am virtuellen Massepunkt $\approx Z_f/- A$
3. Eingangswiderstand der Schaltung $\approx Z_s$

5.8. Auswirkungen der Rückkopplung

Positive Rückkopplung (Mitkopplung): Wenn $|1 - A\beta| < 1$. Es treten bei bestimmten Frequenzen Schwingungen auf, wenn $|A\beta| > 1$ ist.
Negative Rückkopplung (Gegenkopplung): Wenn $(1 - A\beta) > 1$ (für alle Frequenzen)

Auswirkungen der Gegenkopplung

Verstärkung: herabgesetzt
Stabilität: verbessert
Bandbreite: erhöht
Verzerrungen: herabgesetzt (besonders wenn die offene Leerlaufverstärkung A sehr groß ist)
Brummen und Rauschen: herabgesetzt
Signal-Rausch-Verhältnis: wird nicht beeinflußt
Spannungsgesteuerte Gegenkopplung: führt zu niedriger Ausgangs-Impedanz
Stromgesteuerte Gegenkopplung: führt zu hoher Ausgangsimpedanz
Spannungs-(Serien-)Gegenkopplung: erhöht die Eingangsimpedanz
Parallel-(Strom-)Gegenkopplung: erniedrigt die Eingangsimpedanz.

Die Instabilität in gegengekoppelten Verstärkern entsteht durch die Addition von Phasenverschiebungen und kann dadurch verhindert werden, daß die Leerlaufverstärkung unter 0 dB (1) sinkt, bevor eine Phasenverschiebung von 180° erreicht ist.

Wirkungen der Mitkopplung

Verstärkung: erhöht
Eingangsimpedanz: wird durch spannungsgesteuerte Serienmitkopplung herabgesetzt
Ausgangsimpedanz: wird durch spannungsgesteuerte Serienmitkopplung erhöht.
Bandbreite: wird herabgesetzt. (Manchmal so weit, daß bei der Mittenfrequenz Selbsterregung eintritt)
Stabilität: wird oft (bewußt) so weit vermindert, daß die Schaltung selbständig schwingt.

6. Operationsverstärker

Operationsverstärker werden am häufigsten mit der spannungsgesteuerten Stromgegenkopplung betrieben, wie sie im Abschnitt 5.3 beschrieben wurde, denn in dieser Schaltung werden ihre Eigenschaften am wenigsten von den Bauelementen der Gegenkopplung beeinflußt. Die Verstärkung der Gesamtschaltung dieser Art ist $-Z_f/Z_s$ und es gibt eine Vielzahl von Anwendungen, bei denen die beiden Komponenten Z_f und Z_s aus verschiedenen

Impedanzen bestehen und so die im 7. Kapitel angegebenen Funktionen realisiert werden. Im folgenden wird der Entwurf und der Aufbau des Operationsverstärkers beschrieben, und zwar an Hand von Exemplaren, die aus Einzelelementen aufgebaut sind und solchen in Form eines integrierten Schaltkreises.

6.1. Anforderungen an den Operationsverstärker

1. Die *offene Differenzverstärkung* sollte bei tiefen Frequenzen so groß wie möglich sein, denn nur unter dieser Voraussetzung gilt die Näherung $-Z_f/Z_s$ für die Verstärkung der Gesamtschaltung. Andererseits kann sehr große Verstärkung zu Instabilitäten führen und es müssen gewisse Maßnahmen getroffen werden, um diese zu verhindern.

2. Es muß eine *Gleichspannungskopplung* zwischen Eingang und Ausgang bestehen, denn nur so können Gleichspannungsanwendungen realisiert werden. Diese Art der Kopplung erfordert in einigen Fällen Schutzmaßnahmen gegen sehr hohe Eingangsspannungen oder Kurzschluß am Ausgang. In integrierten Schaltkreisen sind diese Schutzschaltungen bereits eingebaut.

3. Der Eingang muß ein *Differenzeingang* sein, bei dem ein invertierender und ein nichtinvertierender Eingang vorhanden ist. Es kann dann eine positive oder negative Rückkopplung auf einen einzelnen oder auf beide Eingänge geführt werden, oder der Verstärker kann auch als Differenzverstärker betrieben werden.

4. Der Verstärker darf nicht instabil werden, wenn der invertierende Eingang über einen Widerstand mit dem Ausgang verbunden wird. d. h. eine Gegenkopplung darf nicht zur Instabilität führen (siehe Abschnitt 5.6).

5. Der Einfluß von Schwankungen und Brummen in der Versorgungsspannung muß unterdrückt werden. Diese Eigenschaft des Operationsverstärkers heißt *Versorgungsspannungsunterdrückung* (rail rejection) und ist in integrierten Schaltkreisen realisiert.

6. Eine kleine *Ausgangsimpedanz* und hohe *Eingangsimpedanz* ist erwünscht.

7. Im Arbeitspunkt soll die Ausgangsspannung 0 sein.

8. Eine Temperaturkompensation ist notwendig.

9. Mit einer *Offsetkompensation* (null offset adjustment) soll die Ausgangsspannung zum Verschwinden gebracht werden können, wenn die Differenzeingangsspannung 0 ist.

10. Der Verstärker soll möglichst rauschfrei bei allen Frequenzen sein.

11. Er darf keine *nichtlinearen Verzerrungen* (harmonic distortion) erzeugen.

12. Er soll große *Gleichtaktunterdrückung* (common-mode rejection) aufweisen.

Noch vor einigen Jahren wären diese Anforderungen unerfüllbar gewesen. Heute jedoch können durch die Silizium-Planartechnik die meisten, wenn nicht sogar alle diese Anforderungen erfüllt werden.

6.2. Typische Daten eines Operationsverstärkers

Als typisches Beispiel wird der SN 72741, oder kurz 741, wie er gewöhnlich bezeichnet wird, gewählt. Seine Parameter sind in der Tabelle 6.1 für eine Versorgungsspannung $U_{cc} = -15$ V angegeben.

Tabelle 6.1

Parameter		Prüfbedingungen	Typische Werte	
U_{io}	Eingangs-Offset-Spannung	$R_s \leqslant 10\ k\Omega$	1 mV	6 mV max.
$U_{io\,adj}$	Abgleichbereich der Offset-spannung		20 mV	200 mV max.
I_{iB}	Eingangsruhe (bias)-Strom		80 nA	500 nA max.
U_i	Eingangsspannungsbereich		±13 V	
U_{opp}	maximale Ausgangsspannung (Spitze-Spitze)	$R_L = 10\ k\Omega$	28 V	
A_{VD}	Differenz-Spannungsverstär-kung für große Signale	$R_L \geqslant 2\ k\Omega$ $U_o = \pm 10\ V$	200 000	
r_i	Eingangswiderstand		2 MΩ	
r_o	Ausgangswiderstand	$U_o = 0\ V$	75 Ω	
C_i	Eingangskapazität		1,4 pF	
CMRR	Gleichtaktunterdrückung	$R_s \leqslant 10\ k\Omega$	90 dB	
U_{io}/U_{cc}	Empfindlichkeit gegenüber Versorgungsspannungs-schwankungen	$R_s \leqslant 10\ k\Omega$	30 μV/V	150 μV/V max.
I_{os}	Ausgangs-Kurzschlußstrom		±25 mA	±40 mA max.
I_{cc}	Versorgungsstrom	ohne Last ohne Signal	1,7 mA	2,8 mA max.
P_D	Verlustleistung	ohne Last ohne Signal	50 mW	85 mW max.

(R_S ... Quellwiderstand, R_L ... Lastwiderstand)

Alle Werte werden für eine Umgebungstemperatur von 25 °C angegeben.

Die absoluten Maximalwerte für einen Betrieb mit Luftkühlung bei Raumtemperatur sind:

1. Versorgungsspannung $+ U_{cc} = 22\ V; - U_{cc} = - 22\ V$
2. Diffenz-Eingangsspannungen ± 30 V
3. Die Gleichtakteingangsspannung darf niemals größer als die Versorgungsspannung oder ± 15 V sein.
4. Die Dauer eines am Ausgang anliegenden Kurzschlusses ist unbegrenzt.
5. Die maximale Verlustleistung bei 55 °C beträgt 500 mW.
6. Der Arbeitsbereich liegt bei Temperaturen von − 55 bis 125 °C.
   Beim Löten darf die Temperatur an den Anschlüssen 2 mm vom Gehäuse während 60 s 300 °C nicht überschreiten.

6.2.1. Definition der Parameter des Operationsverstärkers

Die *Eingangs-Offset-Spannung* U_{io} (input offset voltage) ist diejenige Spannung, die zwischen den beiden Eingängen angelegt werden muß, um die Ausgangsspannung 0 V zu erhalten.

Der *Eingangs-Offset-Strom* I_{iB} (input offset current) ist der Gleichstrom, der zwischen den beiden Eingängen fließt, wenn der Arbeitspunkt für die Ausgangsspannung 0 V eingestellt ist.

Der *Eingangsruhestrom* I_{iB} (input bias current) ist der arithmetische Mittelwert der beiden in den Eingang fließenden Ströme, bei denen die Ausgangsspannung 0 V vorliegt.

Der *Eingangsspannungsbereich* U_i (input voltage range) ist der Spannungsbereich, innerhalb dessen Grenzen der Verstärker ordnungsgemäß arbeitet. (d. h. hoch verstärkt). Ein Überschreiten von U_i bewirkt schlechte Verstärkereigenschaften.

Der *maximale Ausgangsspannungsbereich* (Spitze-Spitze) (maximum peak-to-peak voltage swing) U_{oPP} ist die maximale Ausgangsspannung, die für unverzerrte Wiedergabe von Signalen erreicht werden kann (Spitze-Spitze), falls der Arbeitspunkt auf 0 V eingestellt ist.

Die *Differenz-Spannungsverstärkung für große Signale* A_{VD} (large signal differential voltage amplification) ist das Verhältnis des Ausgangsspannungswertes (Spitze-Spitze) zum Spannungswert an den Differenzeingängen, der diesen maximalen Ausgangsspannungswert hervorruft.

Der *Eingangswiderstand* r_i (input resistance) ist der Widerstand zwischen den Eingangsklemmen, wobei jeweils eine Eingangsklemme zu erden ist.

Der *Ausgangswiderstand* r_o (output resistance) ist der Ausgangswiderstand des Operationsverstärkers, wenn er als Spannungsgenerator nach *Thévenin* angesehen wird.

Die *Eingangskapazität* C_i ist die Kapazität zwischen den Eingangsklemmen, wobei jeweils eine geerdet ist.

Die Gleichtaktunterdrückung (common-mode rejection ratio) CMRR ist das Verhältnis zwischen der Differenz- und der Gleichtaktverstärkung. Es wird aus dem Verhältnis einer Gleichtaktspannung und jener Differenz-Offsetspannung bestimmt, die die Ausgangsspannungsänderung zufolge der Gleichtaktspannung wieder rückgängig macht.

Die *Empfindlichkeit gegenüber Versorgungsspannungsschwankungen* U_{io}/U_{cc} (power supply sensitivity) ist das Verhältnis zwischen jener Differenzeingangsspannung und der Schwankung der Versorgungsspannung, die dieselbe Schwankung der Ausgangsspannung hervorruft. Hierbei müssen beide Versorgungsspannungen geändert werden.

Der *Ausgangskurzschlußstrom* I_{os} (short circuit output current) ist der maximale Ausgangsstrom, den der Verstärker abgibt, wenn sein Ausgang geerdet ist oder an einer Versorgungsspannung liegt.

Die *Verlustleistung* P_D (total power dissipation) ist die gesamte Gleichstromleistung, die dem Bauelement zugeführt wird, vermindert um die Leistung, die einer Last zugeführt wird. Wenn der Verstärker nicht belastet ist, folgt

$$P_D = (U_{cc^+} \cdot I_{cc^+}) + (U_{cc^-} \cdot I_{cc^-})$$

Die *Anstiegszeit* t_r (rise time) ist die Zeit, während der ein kleiner Sprung der Ausgangsspannung von 10 % auf 90 % seines Endwertes ansteigt.

Die Slew rate (Großsignal-Anstiegszeit) gibt das Anstiegsverhalten des Verstärkers für große Signale an. Es ist die mittlere Steigung eines Ausgangsspannungssprunges für den gegengekoppelten (closed-loop) Verstärker, wenn am Eingang eine ideale Sprungfunktion liegt. Für den 741 wird die slew rate für einen Ausgangsspannungsprung zwischen 0 und 10 V gemessen, wobei die Gegenkopplung auf die Verstärkung $A' = 1$ eingestellt wird.

6.2.2. Slew Rate

Obwohl in den meisten Anwendungen von Operationsverstärkern kleine Signale verarbeitet werden, ist es von Interesse, die Antwort des Verstärkers auf ein Signal mit hoher Frequenz und großer Amplitude zu studieren. Die im Verstärker vorhandenen Kapazitäten bedingen für den Verstärker ein endliches Zeintintervall, um auf eine sehr rasch veränderliche Eingangsspannung zu reagieren: es entsteht ein langsamer Anstieg. Das Ausgangssignal ist verzerrungsbedingt nicht immer eine Sinus-Welle. Dieses langsame Ansteigen der Ausgangsspannung wird mit Slew bezeichnet und die maximale Steigung der Ausgangsspannung ist die Slew rate S in Volt pro Mikrosekunde. Sie hängt von der Gegenkopplung des Verstärkers ab und wird im wesentlichen von seiner Grenzfrequenz bestimmt. Eine Zunahme der Slew rate S kann erreicht werden, wenn man zu kleinen Amplituden der Spannungssprünge oder zu Verstärkern mit höherer Grenzfrequenz übergeht, wie z.B. dem 709, der fast keine inneren Kapazitäten hat.

Eine einfache Differentiation zeigt, daß die Slew rate, d.h. der maximale Anstieg einer Sinusfunktion mit der Frequenz und dem Amplitudenwert U_p gegeben ist durch

$$S \geqslant 2\pi f U_p.$$

Daraus kann die maximale Frequenz für die Verstärkung großer Signale und die Eingangsspannung berechnet werden. (Hier ist S die Slew Rate in $V/\mu s$, f die Frequenz in MHz und U_p die Amplitude der sinusförmigen Ausgangsspannung in Volt. Die Slew rate bezieht sich auf eine Gegenkopplung, die die größte erreichbare Grenzfrequenz der Gesamtschaltung ergibt. Somit kann aus der Slew rate die maximale Ausgangs-Sinusspannung bei der Frequenz berechnet werden, die noch keine Verzerrungen durch die langsame Reaktion des Verstärkers erleidet.

6.3. Aufbau des Operationsverstärkers aus Einzelelementen

Das Blockschaltbild eines Operationsverstärkers ist im Bild 6.1 wiedergegeben, das die folgenden Funktionsblöcke zeigt:

Einen Differenzverstärker (1) mit Konstantstromquelle (2).
Eine normale Verstärkerstufe in Emittergrundschaltung (3).
Eine Ausgangsstufe, die aus einer Emitterfolgerschaltung (4) und einer Konstantstromquelle (5) zusammengesetzt ist und
einen Kondensator zur Frequenzkompensation (6).

Bei der Beschreibung der Innenschaltung des Operationsverstärkers beginnen wir mit der Betrachtung der Arbeitspunkte und der Verstärkung des Differenzverstärkers, dann wenden wir uns der Endstufe zu. Zuerst werden die Gleichstromverhältnisse betrachtet und sodann der Eingangswiderstand dieser Stufe für kleine Signale berechnet. Dies ist notwendig, da die mittlere Emittergrundschaltung auf diesen Eingangswiderstand der

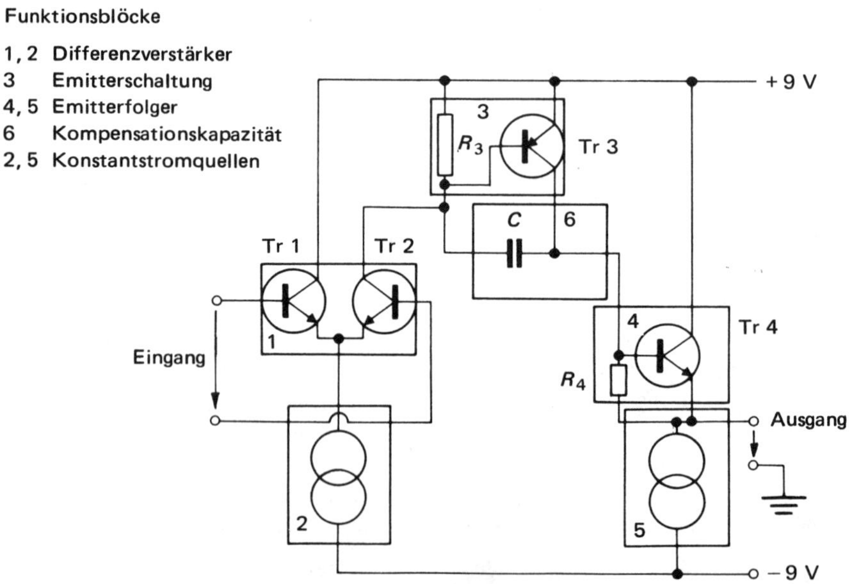

Funktionsblöcke

1, 2 Differenzverstärker
3   Emitterschaltung
4, 5 Emitterfolger
6   Kompensationskapazität
2, 5 Konstantstromquellen

Bild 6.1. Blockschaltbild des Operationsverstärkers

Ausgangsstufe arbeitet. Es wird abschließend die Verstärkung der mittleren Emittergrundschaltung berechnet. Aus der Multiplikation der Verstärkungen der Differenzstufe und
der mittleren Stufe ergibt sich die Gesamtverstärkung der Schaltung.

6.3.1. Differenzverstärker mit Konstantstromquelle (Bild 6.2)

Der Ruhestrom des Differenzverstärkers wird von einer Konstantstromquelle (Tr 5) geliefert. Dieser Ruhestrom von 200 μA teilt sich für verschwindende Spannung am Differenzeingang je zur Hälfte auf die beiden Transistoren Tr 1 und Tr 2 auf. Die Basis der
Konstantstromquelle Tr 5 liegt auf der festen Spannung von 1,2 V, die der Basis-Emitterspannung von Tr 7 und Tr 8 entspricht. Man kann annehmen, daß an den als Dioden ge
schalteten Transistoren Tr 7 und Tr 8 je 0,6 V liegen. Dieselbe Spannung von 0,6 V liegt
an der Basis-Emitterstrecke von Tr 5. Damit bleibt eine Spannung von 0,6 V an der
Widerstandskombination R_E in der Emitterzuleitung von Tr 5. Dieser Spannungsabfall
von 0,6 V an R_E bedingt nun den konstant von Tr 5 gelieferten Strom von 200 μA. Der
Temperaturgang der Basis-Emitterspannung von Tr 5 wird durch den Temperaturgang
von Tr 7 kompensiert, da durch den Widerstand R1 bei einer Betriebsspannung von
± 9 V auch in den Transistor Tr 7 und Tr 8 200 μA fließen.

Die Kleinsignalverstärkung des Differenzverstärkers wurde schon im Abschnitt 3.12 behandelt: Die Verstärkung des Differenzverstärkers ist gemäß Bild 3.19 durch A = $g_m R_3/2$
gegeben. Die Steilheit $g_m/2$ eines Transistors ergibt sich wegen der exponentiellen Abhängigkeit $I_c(U_{BE})$ mit $g_m/2 = dI_c/dU_{BE} = I_c/U_T$. Wenn man für einen Transistor Tr 2
den halben Strom des Paares I_C = 100 μA und U_T = 25 mV einsetzt, so findet man

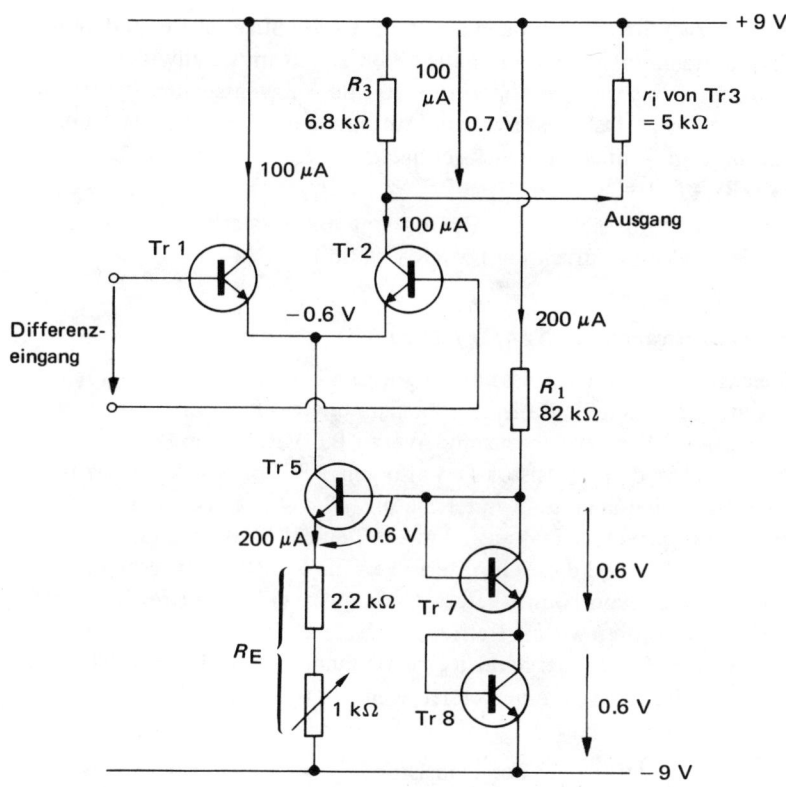

Bild 6.2. Differenzverstärker mit Konstantstromquelle

$g_m/2 = 4$ mA/V. Das internationale Maßsystem schreibt zwar Siemens als Einheit des Leitwertes vor, jedoch hat sich für die Steilheit das Maß mA/V eingebürgert. Für die Gesamtverstärkung A_{diff} der Differenzstufe finden wir mit einem Kollektorwiderstand von 6,8 kΩ und einem Eingangswiderstand der folgenden Emittergrundschaltung von etwa 5 kΩ einen Lastwiderstand $R_L \doteq 3$ kΩ und $A = 2$ mA/V · 3 kΩ = 6.

Zur Abschätzung der Gleichtaktverstärkung des Differenzverstärkers mit Konstantstromquelle berechnen wir zuerst den Wert des Widerstandes R_E in Bild 6.2:
$R_E = 0,6$ V/0,2 mA = 3 kΩ. Eine kleine Spannungsänderung an der Basis des Transistors Tr 5, die durch eine Änderung seiner Kollektorspannung zustande kommen kann, wird mit dem Verstärkungsfaktor $g_m R_E$ am Widerstand R_E wirksam. Durch die Gegenkopplungswirkung von R_E wird also eine Schwankung des Kollektorstromes von Tr 5 um den Faktor $g_m R_E$ reduziert. Somit erhöht sich der differenzielle Kleinsignal-Innenwiderstand des Transistors r_{CE} in der Schaltung nach Bild 6.2 um den Faktor $g_m R_E$, wenn man annimmt, daß die Basisspannung von Tr 5 konstant bleibt. Mit den Werten $r_{CE} = 125$ kΩ, $g_m = 8$ mA/V, $R_E = 3$ kΩ, erhält man somit einen Innenwiderstand dieser Schaltung von $R_I = 3$ MΩ. Zur Berechnung der Gleichtaktverstärkung des Differenzverstärkers müssen

wir die Spannungsteilung zwischen dem Innenwiderstand R_I der Stromquelle und dem Arbeitswiderstand R_L betrachten. Man erkennt aus Bild 6.2, daß am Innenwiderstand R_I die Gleichtakt-Eingangsspannung und am Widerstand R_L die Ausgangsspannung zufolge der Gleichtaktaussteuerung liegt. Dabei ist noch die Aufteilung der Ströme in Tr 1 und Tr 2 durch einen Faktor 2 im Nenner zu berücksichtigen. Somit ergibt sich für die Gleichtaktverstärkung: $R_L/2R_I = 5 \cdot 10^{-4}$.

Wenn die Verstärkung 6 ist, ergibt sich daraus als Quotient von Verstärkung und Gleichtaktverstärkung die Gleichtaktunterdrückung CMRR = 12 000.

6.3.2. Die Emitterfolger-Ausgangsstufe Tr 4/Tr 6 (Bild 6.3)

Zuerst sollen die Gleichspannungsverhältnisse dieser Ausgangsstufe betrachtet werden: Man muß davon ausgehen, daß sich die Basis-Emitterspannung des Emitterfolgers Tr 4 fast nicht ändert; es liegen in allen Betriebszuständen etwa 0,6 V zwischen Basis und Emitter dieses Transistors. Um den Transistor Tr 4 also von + 8 V bis − 8 V durchzusteuern, muß an seiner Basis eine Spannung von + 8,6 bis − 7,4 V angelegt werden. Zur Begrenzung des Kollektorstromes von Tr 4 auf 20 mA mit einem Lastwiderstand von R_L = 1 kΩ ist als Emitterwiderstand dieses Emitterfolgers die Konstantstromquelle Tr 6 geschaltet, die einen Strom von 10 mA liefert. Um die Auswirkung dieser Konstantstromquelle darzustellen, betrachten wir die Betriebszustände U_o = 8 V und U_o = 0 V für eine Schaltung mit einem Ersatzwiderstand R_E = 100 Ohm und der Konstantstromquelle mit 10 mA. Zuerst wird der Strom berechnet, wenn Tr 6 durch R_E = 100 Ohm ersetzt ist:

U_o = 0 V: an R_E liegen 9 V, daher muß der Transistor Tr 4 90 mA liefern.
U_o = 8 V: nun liegen an R_E sogar 8 V + 9 V = 17 V und Tr 4 muß einen Strom von 170 mA liefern, womit er überlastet ist. In den Lastwiderstand R_L fließen nur 8 mA.

Wird hingegen die Konstantstromquelle Tr 6 verwendet, so ergeben sich folgende Ströme:

U_o = 0 V: die Stromquelle liefert 10 mA und durch R_L fließt kein Strom, daher muß Tr 4 nur 10 mA liefern.
U_o = 8 V: Nun werden von Tr 4 10 mA in die Stromquelle und 8 mA in den Lastwiderstand geliefert. Damit ergibt sich eine Gesamtbelastung von 18 mA, die unter dem zugelassenen Wert von 20 mA liegt.

Der Basisspannungsteiler R_2 und R_5 von Tr 6 muß so bemessen werden, daß auch bei Austausch von Tr 6 die Stromquelle immer 10 mA liefert. Dies wird dadurch erreicht, daß durch den Spannungsteiler ein wesentlich größerer Strom als der Basisstrom von Tr 6 fließt. Mit der angegebenen Dimensionierung fließt ein Strom von 1 mA durch den Spannungsteiler, während ein typischer Wert des Basisstroms 50 μA ist. Am Widerstand R_6 liegt eine Gleichspannung von etwa 0,6 V, womit sich der Quellstrom von 10 mA einstellt.

Wir haben nun die Gleichstromverhältnisse der Ausgangsstufe betrachtet. Für die Berechnung der Verstärkung der mittleren Emittergrundschaltung müssen wir nun den Wechselstrom — Eingangswiderstand dieser Stufe abschätzen: dazu nehmen wir in

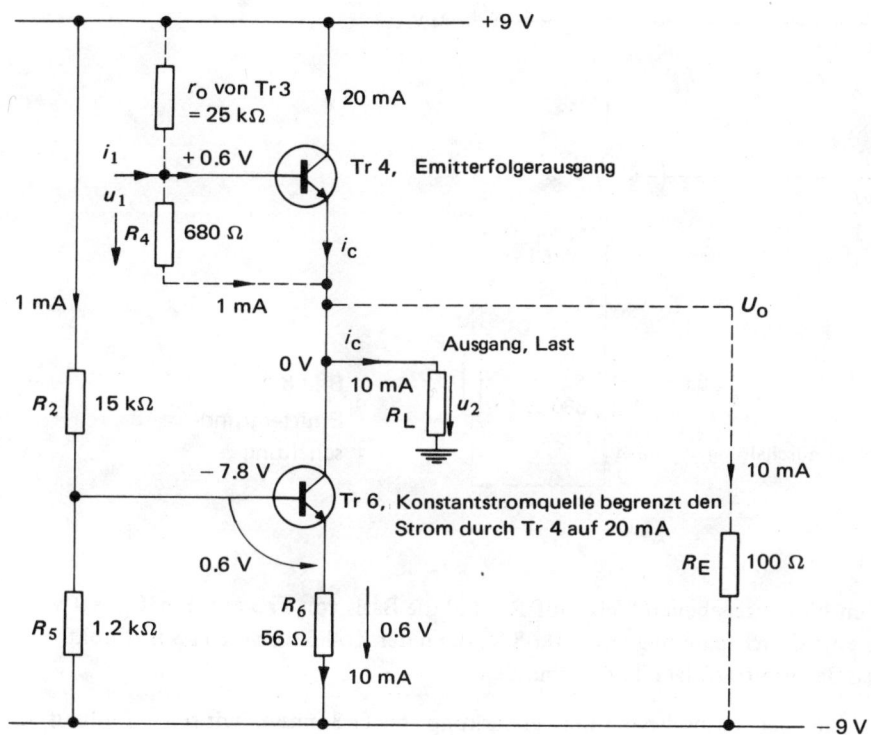

Bild 6.3. Ausgangsstufe

Bild 6.3 eine kleine Wechselspannung u_1 und einen kleinen Wechselstrom i_1 an der
Basis von Tr 4 an, deren Quotient den Wechselstrom-Eingangswiderstand dieser Stufe
ergibt. Da an der Basis-Emitterstrecke von Tr 4 und damit an R_4 eine fast konstante Spannung liegt, tritt die Wechselspannung u_1 auch als Ausgangsspannung u_2 an R_L auf: $u_1 = u_2$.
Diese Ausgangsspannung u_2 wird durch den Spannungsabfall des Kollektorstromes i_c von
Tr 4 an R_L bewirkt: $u_2 = R_L i_c$. Die Stromverstärkung β beschreibt nun den Zusammenhang zwischen i_1 und i_c: $i_c = \beta i_1$. Somit ergibt sich für $u_1 = R_L \beta i_1$ und ein Eingangswiderstand von $r_e = \beta R_L$. In unserem Fall mit einem minimalen $\beta = 25$ also $r_e = 25$ kΩ.
Damit können wir nun die Verstärkung der Emittergrundschaltung im nächsten Abschnitt
berechnen.

6.3.3. Die Emittergrundschaltung (Bild 6.4)

Im Bild sind die Gleichstromverhältnisse durchgezogen eingezeichnet und für das Wechselstrom-Ersatzschaltbild sind Lastwiderstände gestrichelt eingetragen. Es wird ein Transistor Tr 3 mit einer Stromverstärkung von $\beta = 200$ angenommen und damit ergibt sich für
einen Kollektorstrom von 1 mA ein Basisstrom von 5 μA. Der Strom von Tr 2 teilt sich

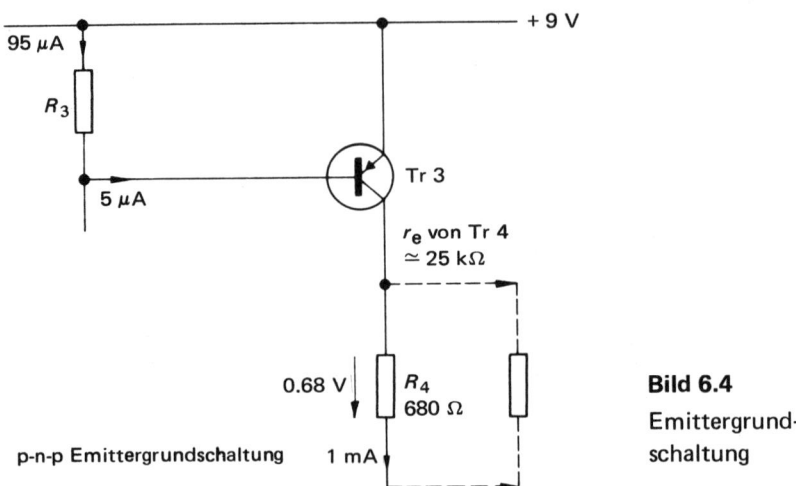

+ 9 V

95 μA

R_3

5 μA

Tr 3

r_e von Tr 4
≃ 25 kΩ

0.68 V R_4
          680 Ω

Bild 6.4

p-n-p Emittergrundschaltung   1 mA

Emittergrund-
schaltung

also in der im Bild angegebenen Weise auf R_3 und die Basis von Tr 3 auf. Für $U_o = 0$ V liegt an R_4 eine Gleichspannung von + 0,68 V, denn der Kollektor von Tr 3 ist direkt mit der Basis des Emitterfolger Tr 4 verbunden.

Zur Abschätzung der Wechselspannungsverstärkung von Tr 3 müssen wir seine Steilheit $g_m = I/U_T$ berechnen, die sich in diesem Arbeitspunkt (I = 1 mA) mit $g_m = 40$ mA/V ergibt. Die Verstärkung der Emittergrundschaltung ist damit $g_m \cdot r_e = 40$ mA/V $\cdot 25$ kΩ = = 1000. Dabei wurde als Lastwiderstand der Eingangswiderstand r_e von Tr 4 verwendet.

Zur Berechnung des Eingangswiderstandes für kleine Signale des Transistors Tr 3 verwenden wir die am Schluß von Abschnitt 3.12 angegebene Formel $r_i = \beta U_T/I_c = 5$ kΩ. Dieser Wert wurde im Bild 6.2 verwendet.

Für die Gesamtverstärkung des Operationsverstärkers ergibt sich somit als Produkt der Verstärkungen der Differenz- und der Emitterbasisstufe $6 \cdot 1000 = 6000$ (~ 76 dB).

Zur Kompensation des Frequenzganges, wie sie im Bild 5.4 beschrieben wurde, ist der Kondensator C vorgesehen. Ohne diesen Kondensator würde sich eine Phasendrehung von 180° für eine Verstärkung größer als 1 ergeben und somit der stark gegengekoppelte Verstärker instabil werden. Dies drückt sich dadurch aus, daß die Verstärkungskurve die 0-dB-Achse mit einer Neigung von 40 dB pro Dekade schneidet. Der Kondensator C bewirkt einen Schnitt von 20 dB pro Dekade mit der Bezugsachse der Verstärkung (Bild 6.5). Beim Operationsverstärker μA 709 ist dieser Kondensator in der Schaltung nicht vorgesehen. Um seinen Wert zu berechnen, nehmen wir an, daß die untere Eckfrequenz mit 500 Hz festgelegt werden soll. Aus

$$\omega = \frac{1}{R_c C_c} \quad \text{mit} \quad f = \frac{\omega}{2\pi}$$

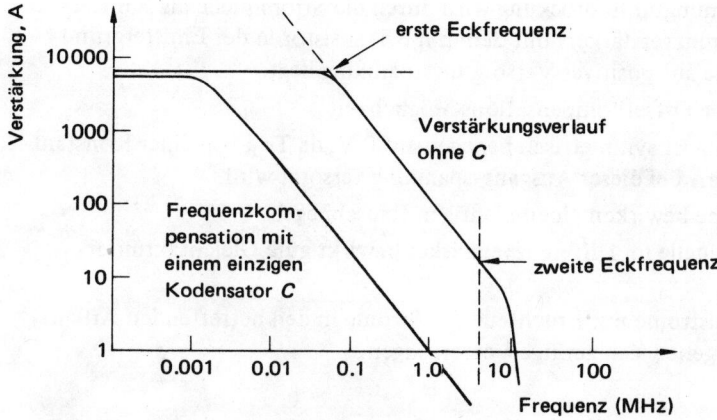

Bild 6.5. Wirkung der Frequenzkompensation

und mit einem Ladewiderstand von R_c = 3 kΩ, der der Lastwiderstand des Differenzverstärkers im Bild 6.2 ist, ergibt sich C_c. Daraus findet man durch Division durch die Spannungsverstärkung von Tr 3:

$$C = \frac{1}{3000 \cdot 1000 \cdot 1000\, \pi} \doteq 100\ pF$$

6.3.4. Die Gesamtschaltung (Bild 6.6)

Bild 6.6 gibt die gesamte Schaltung des besprochenen Operationsverstärkers wieder. Es sind die Werte der einzelnen Komponenten, der Spannungen und der Ströme eingezeichnet. Die Anforderungen an den idealen Operationsverstärker sind folgendermaßen erfüllt:

1. Die Leerlauf-Differenzverstärkung ist etwa 6000 und setzt sich zusammen aus einer Spannungsverstärkung von 6 des ersten Differenzverstärkers und 1000 der Emittergrundschaltung.

2. Jede Verstärkerstufe, der Eingang und der Ausgang sind gleichstrommäßig gekoppelt.

3. Ein Differenzeingang ist vorhanden.

4. Der Verstärker hat einen hohen Eingangswiderstand und folglich geringe Eingangsströme. Ein kleiner Ausgangswiderstand wird durch den Emitterfolger hergestellt.

5. Frequenzkompensation und Stabilität werden durch einen Gegenkopplungskondensator sichergestellt.

6. Der Ausgangskurzschlußstrom, bezogen auf die Eingangsspannung, ist 30000 mA/V. Das ergibt mit einer Verstärkung von 6000 einen Ausgangswiderstand von 200 Ω.

7. Die Temperaturkompensation wird durch gleiche Temperaturkoeffizienten der Transistorpaare Tr 1/Tr 2, Tr 5/Tr 8, Tr 4/Tr 6 und Tr 3/Tr 7 bewerkstelligt.

8. Die Versorgungsspannungsunterdrückung wird durch die Stromquelle als Emitterwiderstand des Differenzverstärkers mit dem p-n-p Transistor in der Emittergrundschaltung erreicht, die auf positiver Versorgungsspannung liegt.

9. Die Schaltung hat eine Offsetkompensations-Möglichkeit.

10. Die Ausgangsspannung ist symmetrisch bezogen auf 0 V, da Tr 4 von einer Konstantstromquelle mit 10 mA bei dieser Ausgangsspannung versorgt wird.

11. Kleine Eingangsströme bewirken einen niedrigen Rauschpegel.

12. Eine Konstantstromquelle im Differenzverstärker bewirkt gute Gleichtaktunterdrückung.

13. Da die meisten Signalströme nur Bruchteile der Ströme in den betreffenden Arbeitspunkten betragen, ergeben sich geringe Verzerrungen.

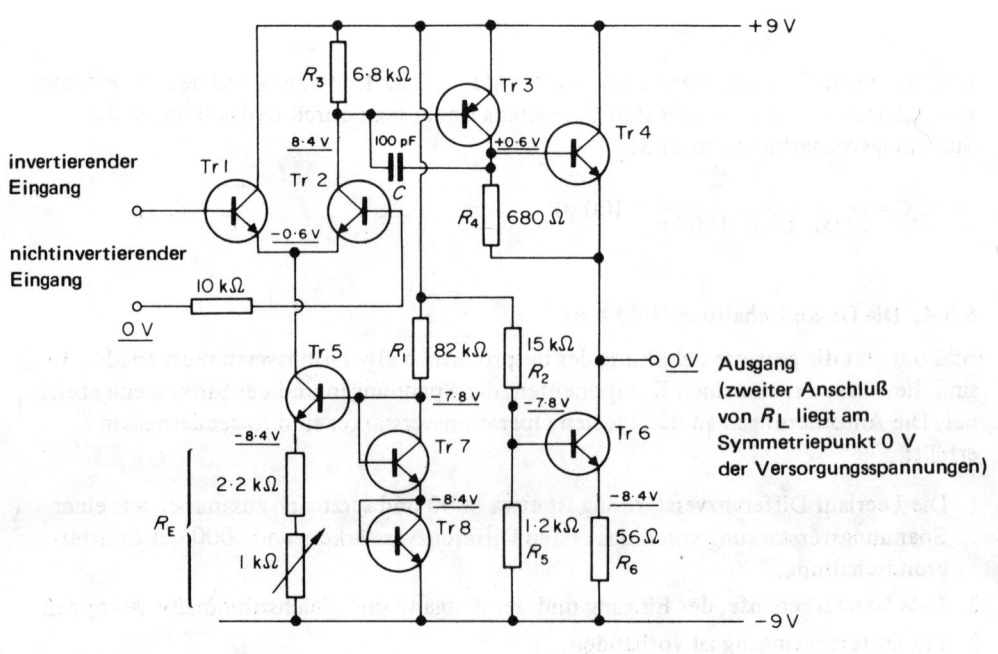

Bild 6.6. Gesamtschaltung mit Gleichspannungswerten für $U_o = 0 V$

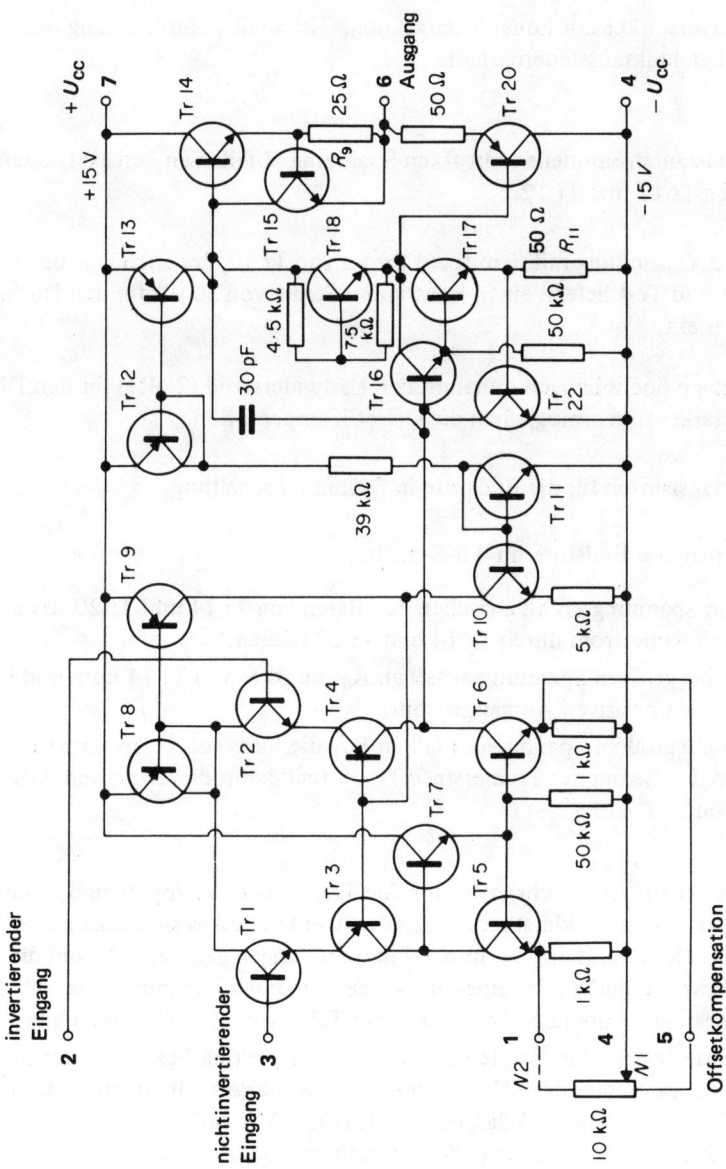

Bild 6.7. Schaltung des integrierten Operationsverstärkers

6.4. Der integrierte Operationsverstärker

Der intergrierte Operationsverstärker 741 in Bild 6.7 ist der oben besprochenen Schaltung sehr ähnlich. Die einzelnen Transistoren haben dabei folgende Funktionen:

Tr 1
Tr 2   Differenzverstärker mit hoher Verstärkung, Gleichtaktunterdrückung und
Tr 3   großer Gleichtaktaussteuerbarkeit.
Tr 4

Tr 10
Tr 11   Zwei Konstantstromquellen mit fixen Spannungsabfällen an den als Dioden ge-
Tr 12   schalteten Tr 11 und Tr 12.
Tr 13

Tr 8   Stellen in Verbindung mit dem fixen Strom von Tr 10, der auch den Basisstrom
Tr 9   von Tr 3 und Tr 4 liefert, einen konstanten Strom von 30 μA für den Differenz-
       verstärker ein.

Tr 5
Tr 6   Bilden einen hochohmigen dynamischen Lastwiderstand (2 MΩ) für den Diffe-
Tr 7   renzverstärker und ermöglichen die Offset-Kompensation.

Tr 16
Tr 17   Treibertransistoren für die Endstufe in Darlingtonschaltung.

Tr 14
Tr 20   Komplementäre Endstufe im AB-Betrieb.

Tr 18   Stellt den Spannungsabfall zwischen den Basen von Tr 14 und Tr 20 so ein,
        daß 60 μA Ruhestrom durch Tr 14 und Tr 20 fließen.

Tr 15   Schließt bei großem Spannungsabfall an R_6 die Basis von Tr 14 kurz und be-
        grenzt so den positiven Ausgangsstrom.

Tr 22   Schließt bei großem Spannungsabfall an R_{11} die Basis von Tr 16 kurz und be-
        grenzt so den Strom der Treiberstufe Tr 17 und damit den negativen Aus-
        gangsstrom.

Da in integrierten Schaltkreisen sehr viele einzelne Transistoren verfügbar sind, können diese als Dioden oder Arbeitswiderstände geschaltet werden und es sind ganz allgemein viele Möglichkeiten für Stabilisierungs- und Schutzschaltungen gegeben, obwohl die prinzipielle Arbeitsweise ähnlich der eines aus Einzelelementen zusammengesetzten Operationsverstärkers ist. Die Daten des 741 sind in der Tabelle 6.1 (S. 81) angegeben.

Intergrierte Operationsverstärker wurden erstmalig von der Firma Texas Instruments 1962 hergestellt. Es waren dies der SN 521 Operationsverstärker mit einem Gewinn von 62 dB, dessen Schaltung im Bild 6.8 dargestellt ist. Dieser Verstärker arbeitete jedoch nicht so einwandfrei, wie es heute allgemein üblich ist, und so mußte für den Entwurf von Schaltungen auf die vergossenen Operationsverstärker zurückgegriffen werden, die aus einzelnen Elementen oder einer Mischung von integrierten Schaltungen und Einzelbauelementen aufgebaut waren. Der μA 702, ein Breitband-Gleichspannungsverstärker, war der erste

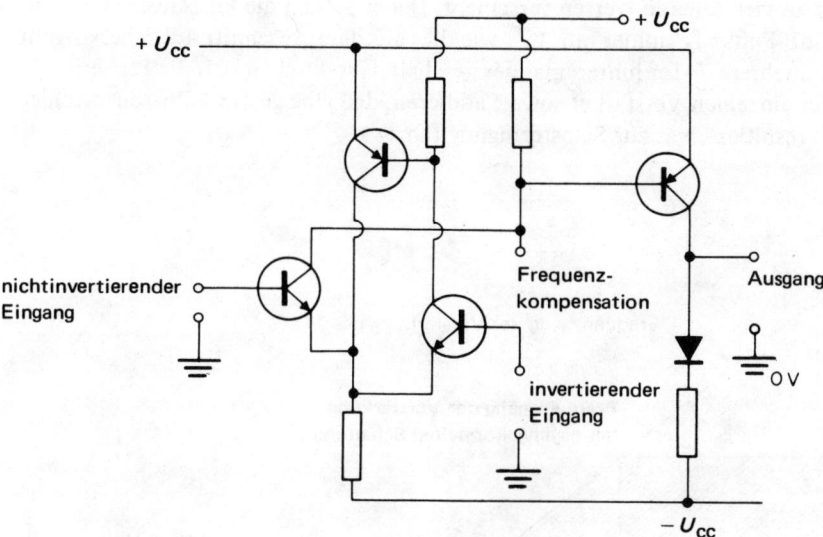

Bild 6.8. Schaltung des Operationsverstärkers SN 521

integrierte Operationsverstärker, der allgemeine Verwendung fand. Auf einem einzigen monolithischen Silizium-Chip (ein dünnes Silizium-Plättchen von $1 \times 1 \ mm^2$ bis $5 \times 5 \ mm^2$) hergestellt, arbeitete er von Gleichspannung bis 30 MHz. Seine Schaltung war der im Abschnitt 6.3 beschriebenen sehr ähnlich. Im Jahre 1965 wurde von Fairchild der µA 709 mit einer Verstärkung von 95 dB auf den Markt bebracht. Seine Eingangsspannung war jedoch auf 5 V Spitze-Spitze begrenzt und es mußten zur Frequenzkompensation verschiedene RC Glieder extern dazugeschaltet werden, um eine Hochfrequenz-Instabilität zu vermeiden. Der 741 erschien im Jahr 1968 und beinhaltete bereits die interene Frequenzkompensation, die auf der Möglichkeit des Einschlusses einer Kapazität auf dem Chip eines intergrierten Schaltkreises beruht. Dieser Verstärker hat Differenzeingänge mit hohem Eingangswiderstand und großer Gleichtaktaussteuerbarkeit, ist kurzschlußfest und hat bis 100 dB Verstärkung.

Es ist auch ein doppelter 741 auf einem einzigen Chip erhältlich, der SN 52558, bei dem die beiden Verstärker vollkommen voneinander getrennt sind. Der 741 ist in verschiedenen Gehäuseformen im Handel z. B. im metallischen TO 5 Gehäuse und in der 8Stift und 14Stift DIP (Dual-in-line plastic) Bauform. In Bild 6.9 ist der Frequenzgang seiner Verstärkung und Phase angegeben, der dem in Bild 5.4 wiedergegebenen kompensierten Frequenzgang sehr ähnlich ist und damit sicherstellt, daß Instabilitäten durch eine ohmsche Gegenkopplung nicht auftreten. Der 741 hat eine ebene Verstärkungskurve bis 10 Hz, der ersten Eckfrequenz. Ab hier fällt die Verstärkung mit 20 dB pro Dekade bis 1 MHz ab, wo sich die zweite Eckfrequenz befindet. Der Phasenverlauf zeigt, daß die Phasenverschiebung der Leerlaufverstärkung im wesentlichen bei sehr tiefen Frequenzen eintritt (gestrichelte Kurve). Wie besprochen, bewirkt die Gegenkopplung, daß sich die

Grenzfrequenz zu viel höheren Werten verschiebt. Dabei beträgt die Phasenverschiebung beim neuen 3 -dB-Punkt f_1 immer nur 45°, wie dies aus dem Abschnitt 4.2.3 hervorgeht. Werden jedoch mehrere 741er hintereinander geschaltet, so können sich die Phasenverschiebungen der einzelnen Verstärker soweit addieren, daß eine gesamte Phasenverschiebung von 360° resultiert, was zur Selbsterregung führt.

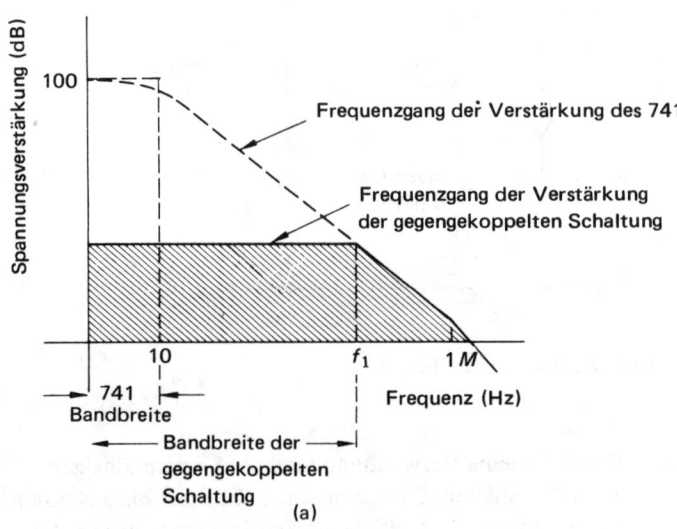

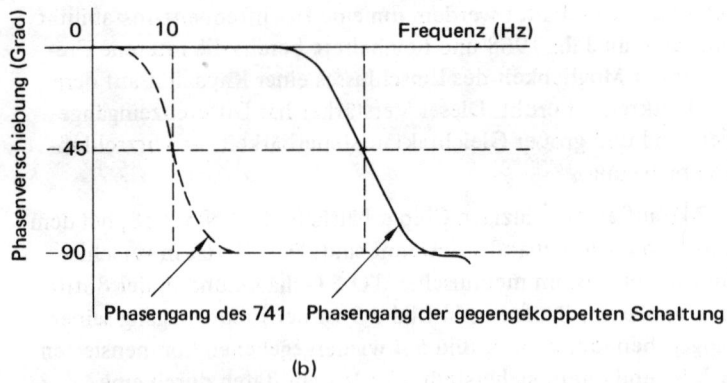

Bild 6.9. Frequenzgang des Betrages und der Phase des Operationsverstärkers 741. Verstärkung des leerlaufenden und des gegengekoppelten Verstärkers (a). Phase des leerlaufenden und gegengekoppelten Verstärkers (b).

7. Grundschaltungen für analoges Rechnen

7.1. Linearer invertierender Summierer

Bild 7.1 zeigt eine Schaltung von drei Spannungsquellen U_A, U_B und U_C, die die drei Ströme I_A, I_B und I_C über die Widerstände R_A, R_B und R_C dem invertierenden Eingang des Operationsverstärkers zuführen, der wie üblicherweise über R_2 gegengekoppelt ist. Der nichtinvertierende Eingang ist geerdet, wie bei Umkehrverstärkern üblich. Da der Strom in die Eingänge des Operationsverstärkers vernachlässigbar ist, fließt durch R_2 der Strom $I_2 = I_A + I_B + I_C$, woraus die Bezeichnung Summationspunkt für den invertierenden Eingang resultiert.

Daraus ergibt sich

$$U_o = -\frac{R_2}{R_A} U_A - \frac{R_2}{R_B} U_B - \frac{R_2}{R_C} U_C.$$

Wenn nun alle drei Eingangswiderstände gleich gewählt werden, erhält man

$$U_o = -I_2 R_2, \quad \text{und mit} \quad R_A = R_B = R_C = R_1$$

$$U_o = -\frac{R_2}{R_1}(U_A + U_B + U_C), \quad \text{und wenn} \quad R_1 = R_2 \quad \text{ist, ergibt sich}$$

$$U_o = -(U_A + U_B + U_C).$$

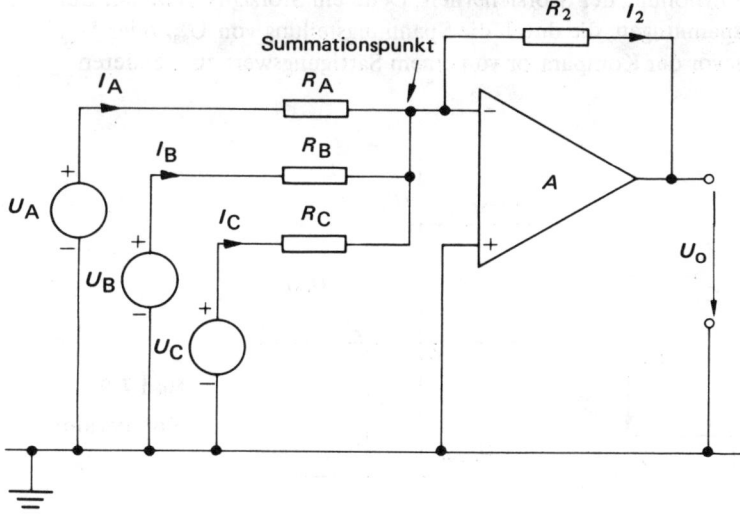

Bild 7.1
Summierverstärker

In diesem Fall wird die Schaltung als Spannungsaddierer bezeichnet. Die Werte der Widerstände können auch so gewählt werden, daß sich eine Mittelwertbildung von U_A, U_B
und U_C ergibt, besonders dann, wenn man bei drei Eingängen alle drei Eingangswiderstände gleich $3 R_2$ wählt, woraus folgt:

$$U_o = -\tfrac{1}{3} (U_A + U_B + U_C).$$

7.2. Komparator

Der *Komparator* ist ein Operationsverstärker mit sehr hoher Verstärkung d.h. mit einer
sehr steilen Übergangscharakteristik von positiver auf negative gesättigte Ausgangsspannung, wie dies Bild 7.2 zeigt. Wenn man eine Spannung U_A an den invertierenden Eingang legt, die positiver als die Spannung U_B am nichtinvertierenden Eingang ist, so
liegt die Ausgangsspannung auf ihrem negativen Sättigungswert $U^-_{o\,sat}$, ist jedoch U_B
größer als U_A, dann ergibt sich die positive gesättigte Ausgangsspannung $U^+_{o\,sat}$. Sind
beide Spannungen gleich, so ergibt sich die steile Übergangscharakteristik bei der Referenzspannung. Wird ein Operationsverstärker als Komparator eingesetzt, so muß ein Typ
gewählt werden, der über lange Zeit im Sättigungsbereich betrieben werden kann. Die
typische Anwendung des Komparators ist der Vergleich zweier Spannungen: Der Ausgangs-
zustand zeigt dann an, ob die Eingangsspannung (oder das Signal) über oder unter der
Referenzspannung liegt. Es kann auch eine Mitkopplung vorgesehen werden, wie dies
Bild 7.3 zeigt. Daraus ergibt sich ein sehr empfindlicher Komparator, wenn U_A die Referenzspannung U_B erreicht, denn die Mitkopplung bewirkt ein sehr schnelles Umschalten
des Komparators zwischen seinen Sättigungswerten. Mit dem Spannungsteilerverhältnis
β ergibt sich dann eine Referenzspannung $\beta U_{o\,sat}$. Die Schaltcharakteristik zeigt, daß
eine *Hysterese* auftritt, die der eines magnetischen Bauelementes ähnelt. Ein Nutzeffekt
dieser Hysterese ist die Erhöhung der Störsicherheit. Denn ein Störsignal muß am Eingang erst die Referenzspannungen, die durch die Spannungsteilung von U^+_{sat} oder U^-_{sat}
entstehen, erreichen, bevor der Komparator von einem Sättigungswert zum anderen
schaltet.

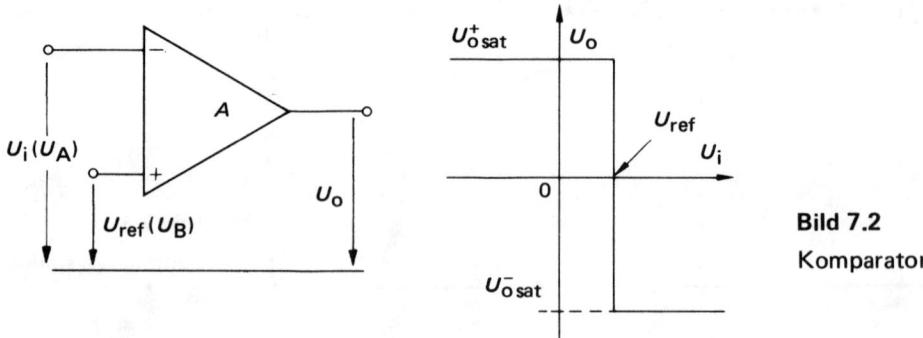

Bild 7.2

Komparator

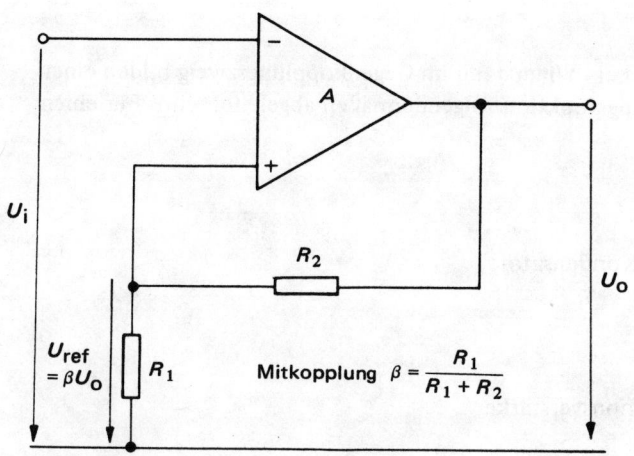

U_i

$U_\text{ref} = \beta U_\text{o}$ R_1 Mitkopplung $\beta = \dfrac{R_1}{R_1 + R_2}$ R_2 U_o

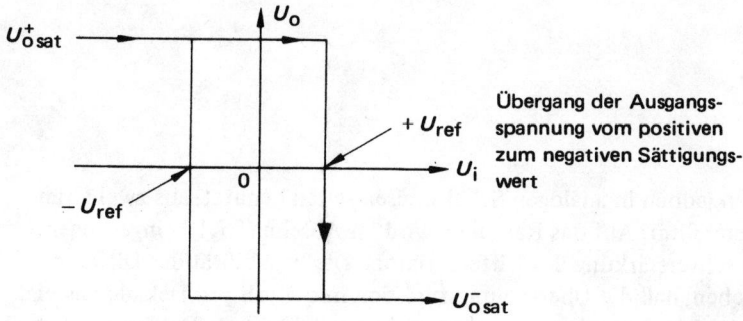

$U_{o\,\text{sat}}^+$

U_o

Übergang der Ausgangs-
spannung vom positiven
zum negativen Sättigungs-
wert

$+ U_\text{ref}$

U_i

$- U_\text{ref}$

0

$U_{o\,\text{sat}}^-$

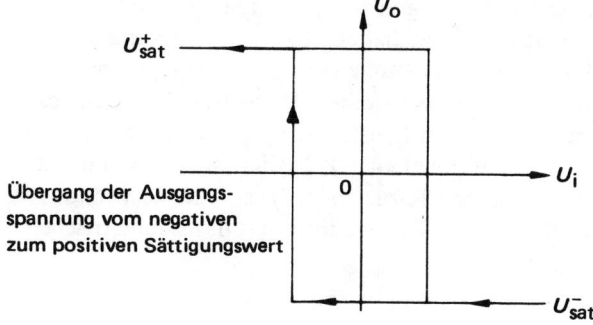

U_sat^+

U_o

U_i

0

Übergang der Ausgangs-
spannung vom negativen
zum positiven Sättigungswert

U_sat^-

Bild 7.3
Hysterese des
Komparators

7.3. Differentiator

Ein Kondensator im Eingang und ein Widerstand im Gegenkopplungszweig bilden einen
Differentiator, dessen Übertragungsfunktion folgendermaßen abgeleitet wird. Für einen
Kondensator gilt:

$$Q = C\,U$$

und für den Strom I durch den Kondensator:

$$\frac{dQ}{dt} = C \cdot \frac{dU}{dt} = I$$

damit findet man für den Operationsverstärker

$$U_o = I_f R =$$

$$= - I_i R = - C \frac{dU_i}{dt} R$$

$$= - CR \frac{dU_i}{dt}$$

wie dies Bild 7.4a zeigt.

Differentiatoren werden jedoch in analogen Schaltkreisen selten benutzt, aus zwei Grün-
den: Rauschen und Instabilität. Auf das Rauschen wird im Abschnitt 7.10 eingegangen,
Bild 7.12 zeigt die Rauschverstärkung des Differentiators. Die Instabilität des Differentiators ist dadurch gegeben, daß die Übertragungsfunktion mit 20 dB pro Dekade ansteigt,
während die Leerlaufverstärkung des Operationsverstärkers mit 20 dB pro Dekade (6 dB pro)
Oktave) abfällt. Gemäß dem Bodediagramm ergibt sich daher eine Phasendrehung von
2 mal 90° oder ein Schnittpunkt mit 40 dB pro Dekade bei hohen Frequenzen und daraus entsteht die Hochfrequenzinstabilität des Differentiators.

Bild 7.4 zeigt die zwei Möglichkeiten zur Vermeidung dieser Instabilität: Es kann ein
Reihenwiderstand zum Eingangskondensator dazugeschaltet werden oder es kann die
Hochfrequenzverstärkung drastisch durch Parallelschaltung eines Gegenkopplungskon-
densators C_1 in den Gegenkopplungszweig vermindert werden. Diese drei Varianten des
Differentiators ergeben so ein *Hochpaßverhalten* mit konstanter Hochfrequenzübertra-
gung und ein Bandpaßverhalten, dessen Mittenfrequenz $f = 1/2\pi CR_1$ ist. Hier kommt die
ansteigende Verstärkung durch die Zeitkonstante CR zustande, die abfallende Verstärkung durch $C_1 R$. Wählt man $CR_1 = C_1 R$, dann hat das Bandpaßfilter das symmetrische
Übertragungsverhalten wie es Bild 7.4c zeigt.

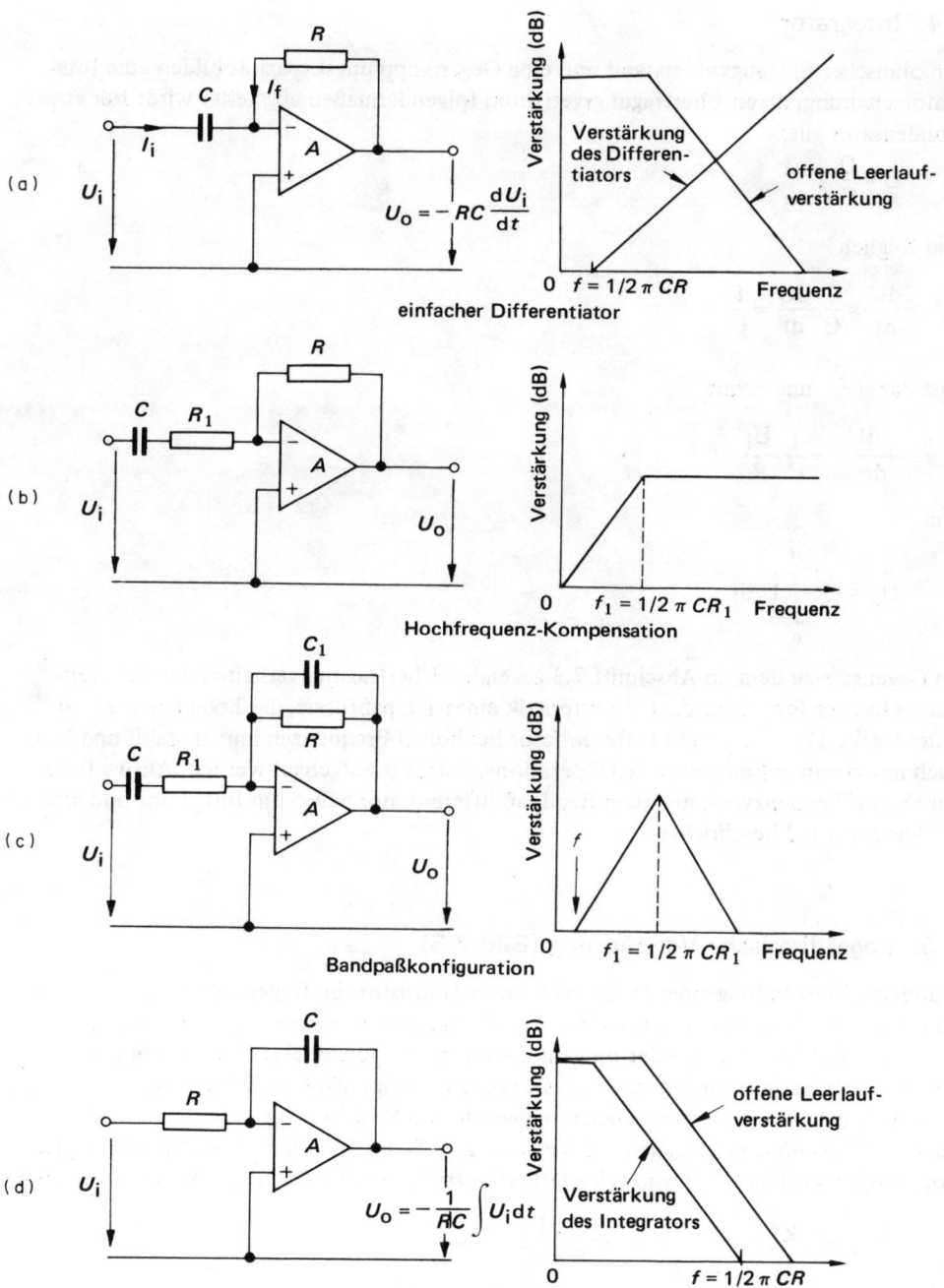

Bild 7.4. Übertragungsverhalten von Differentiatoren und Integratoren

7.4. Integrator

Ein ohmscher Eingangswiderstand und eine Gegenkopplungskapazität bilden eine Integratorschaltung, deren Übertragungsverhalten folgendermaßen abgeleitet wird: Für einen Kondensator gilt:

$$U = \frac{Q}{C}$$

und folglich

$$\frac{dU}{dt} = \frac{1}{C} \cdot \frac{dQ}{dt} = \frac{I}{C}$$

I ist dabei $\frac{U_i}{R}$ und somit

$$\frac{-dU_o}{dt} = \frac{1}{C} \cdot \frac{U_i}{R}$$

und

$$U_o = \frac{-1}{CR} \int_{o}^{t} U_i dt$$

Im Gegensatz zu dem im Abschnitt 7.3 gezeigten Übertragungsverhalten des Differentiators hat der Integrator die Charakteristik eines Tiefpaßfilters, das hohe Frequenzen unterdrückt. Dadurch ist ein Differentiator bei hohen Frequenzen immer stabil und kann auch mit einem unkompensierten Operationsverstärker aufgebaut werden. Aktive Filter ähneln im Frequenzverhalten dem Bandpaßdifferentiator bzw. dem Integrator und werden im Abschnitt 8.2 beschrieben.

7.5. Logarithmische Verstärkung (Bild 7.5)

Durch die Verwendung einer Diode oder eines Transistors im Gegenkopplungszweig eines Operationsverstärkers kann ein Verstärker aufgebaut werden, dessen Ausgangsspannung dem Logarithmus der Eingangsspannung proportional ist. Der Strom durch eine Diode oder der Emitterstrom eines Transistors folgt nämlich dem Gesetz $I = I_o [\exp(qU/kT) - 1]$. Diese Gleichung wurde von *Shockley* angegeben und findet auch im *Ebers-Moll* Ersatzschaltbild Verwendung. Wenn diese Beziehung für den Gegenkopplungszweig eines Operationsverstärkers zutrifft, erhält man für die Ausgangsspannung

$$U_o = 2{,}3 \frac{kT}{q} \log \frac{U_i}{R_1} = 60 \text{ mV} \log \frac{U_i}{R_1}$$

wobei R_1 der Eingangswiderstand, k die Bolzmannkonstante und q die Elektronenladung und T die absolute Temperatur (K) ist. Die Temperaturspannung kT/q beträgt 25 mV für Zimmertemperatur (300 K).

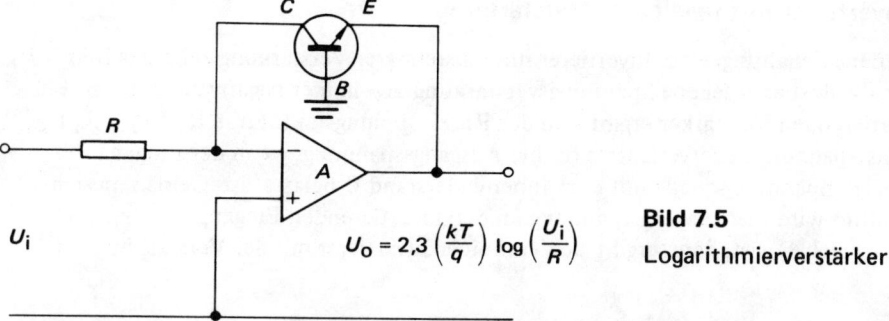

Bild 7.5

Logarithmierverstärker

$$U_o = 2,3 \left(\frac{kT}{q}\right) \log\left(\frac{U_i}{R}\right)$$

U_i

Die Schaltung in Bild 7.5 zeigt den Aufbau eines Logarithmierverstärkers mit einem Transistor. Bei Aufbau mit einer Diode wird lediglich der Transistor durch die Diode ersetzt und zwar so, daß die Katode der Diode am Ausgang und ihre Anode am virtuellen Massepunkt (dem invertierenden Eingang) angeschlossen wird.

7.6. Verstärker mit quadratischer Übertragungskennlinie

Im Abschnitt 3.8 wurde die quadratische Abhängigkeit des Drain-Stromes i_D eines Feldeffekttransistors von seiner Gate-Spannung U_{SG} angegeben. Wenn also ein FET in den Gegenkopplungszweig eines Operationsverstärkers wie in Bild 7.6 angegeben, geschaltet wird, ergibt sich folgende Abhängigkeit der Ausgangsspannung U_o vom Eingangssignal U_i:

$$U_o = U_{SG} = U_P \left[1 + \left(\frac{U_i}{R_1 I_{DSS}}\right)^{\frac{1}{2}}\right]$$

da $\quad i_D = I_{DSS} \left(\frac{U_{SG} - U_P}{U_P}\right)^2$

ist $\quad U_{SG} = U_P \left[1 + \left(\frac{i_D}{I_{DSS}}\right)^{\frac{1}{2}}\right]$.

U_P und I_{DSS} können aus Datenblättern oder aus der I_D/U_{GS}-Kennlinie entnommen werden.

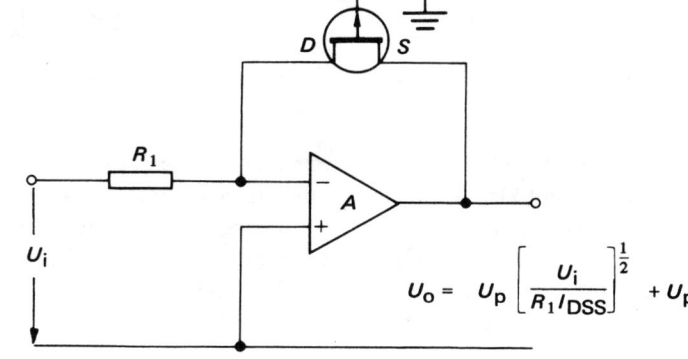

Bild 7.6

Der quadratische Verstärker

U_i

$$U_o = U_p \left[\frac{U_i}{R_1 I_{DSS}}\right]^{\frac{1}{2}} + U_p$$

7.7. Invertierer mit regelbarer Verstärkung

Verschiedene Schaltungen für Invertierer mit einstellbarer Verstärkung zeigt das Bild 7.7.
Dabei ist die dort angegebene Spannungsverstärkung A_V immer negativ zu nehmen. Für
alle invertierenden Verstärker ergibt sich der Rückkopplungsfaktor mit $R_1/(R_1 + R_2)$ —
das ist das Spannungsteilerverhältnis für die Ausgangsspannung, wenn der Eingang mit
einer idealen Spannungsquelle mit dem Innenwiderstand 0 belastet ist. Gemäß diesem
Teilverhältnis wird die Ausgangsspannung an den invertierenden Eingang zurückgeführt.
Wenn R_1 gleich R_2 ist, dann ergibt sich ein reiner Invertierer mit der Verstärkung -1.

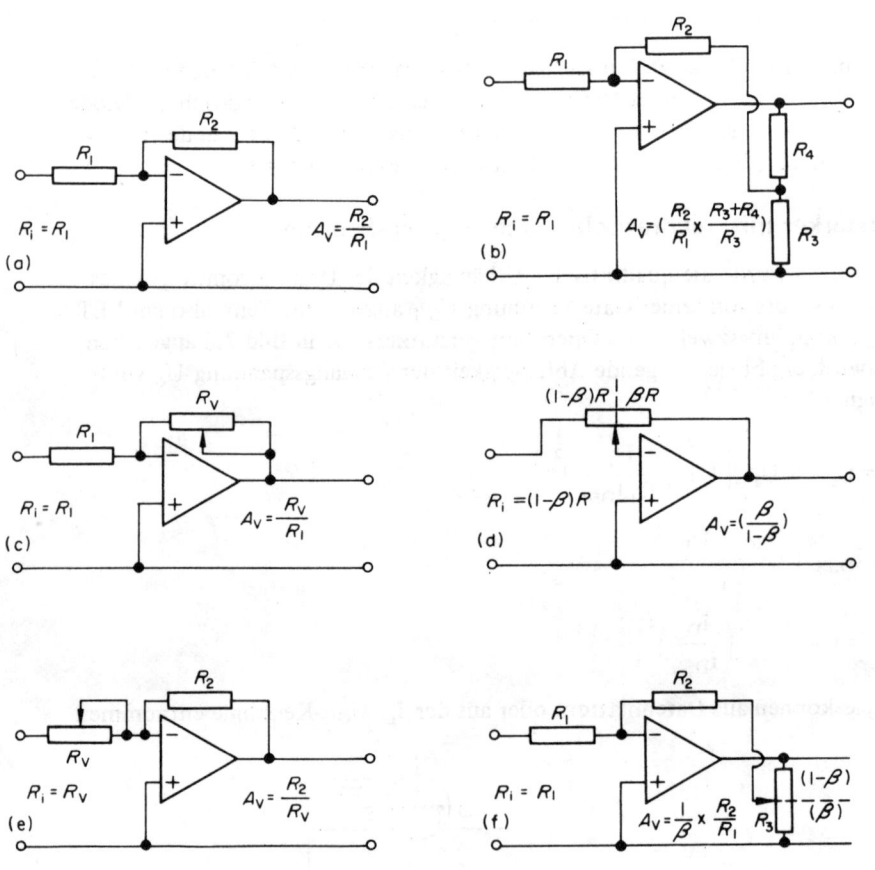

Bild 7.7. Schaltmöglichkeiten für den invertierenden Verstärker. Fixe Verstärkung (a),
große Verstärkung mit kleiner Eingangsimpedanz (b), einstellbare Verstärkung mit einstellbarer Gegenkopplung (c), einstellbare Eingangsimpedanz durch einstellbare Gegenkopplung (d), einstellbare Eingangsimpedanz (e), ein einstellbarer Bruchteil der Aus-
gangsaussspannung wird gegengekoppelt (f). A_V bezeichnet den Betrag der Systemverstärkung und β das Teilverhältnis des Potentiometers.

7.8. Elektrometerverstärker

Aus dem Bild 7.8 findet man für die Verstärkung A' dieser Schaltung:

$$A' = U_o/U_s = AU_i/[AU_i R_1/(R_1 + R_2) + U_i]$$

$$= 1/[R_1/(R_1 + R_2) + 1/A]$$

$$= [(R_1 + R_2)/R_1] [1/(1 + (R_1 + R_2)/R_1 A)]$$

Der zweite Faktor ist der Fehlerfaktor dieser Schaltung (auch beim invertierenden Verstärker ergibt sich derselbe Fehlerfaktor). Er unterscheidet sich für große offene Verstärkung A nur wenig von 1. Damit ist also die Verstärkung

$$A' = 1 + \frac{R_2}{R_1}.$$

Wenn man $R_1 = R_2$ wählt, ergibt sich die Verstärkung 2 (nicht wie beim invertierenden Verstärker -1). Auch beim nichtinvertierenden Verstärker ist es üblich $R_2 \gg R_1$ zu wählen, womit für die Verstärkung der Summand 1 vernachlässigt werden kann.

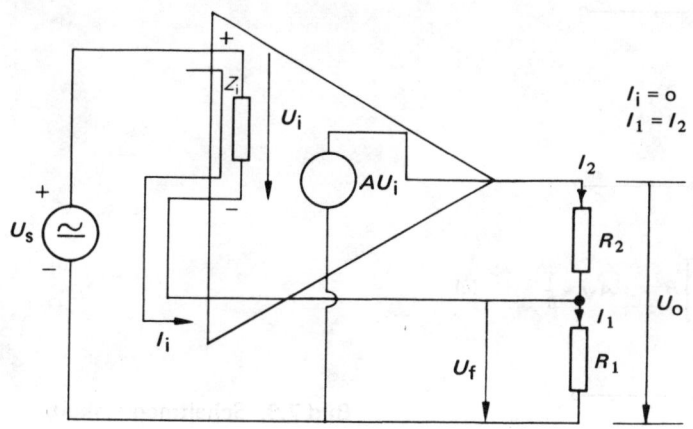

Bild 7.8

Grundschaltung des nichtinvertierenden Verstärkers

Bild 7.9 zeigt einige Schaltmöglichkeiten für nichtinvertierende Verstärker, die alle ihre spezifische Anwendung haben. Der Eingangswiderstand R_i wird im wesentlichen durch den Gleichtakteingangswiderstand eines Einganges $2R_{cm}$ bestimmt (beide Eingänge zusammengeschaltet haben den Widerstand R_{cm} gegen Masse), da der Differenz-Eingangswiderstand zwischen den beiden Eingängen durch die Gegenkopplung mit der Schleifenverstärkung $AR_1/(R_1 + R_2)$ so stark multipliziert wird, daß er gegenüber dem Gleichtaktwiderstand nicht mehr ins Gewicht fällt. Legt man den Ausgang direkt an den invertierenden Eingang ($R_2 = 0$, $R_1 \rightarrow \infty$), dann entsteht der 1 : 1 Folger (unity gain follower) mit sehr hohem Eingangswiderstand und niederem Ausgangswiderstand, der als Treiber- oder Pufferverstärker Anwendung findet.

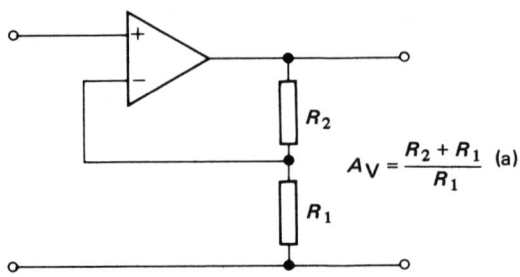

$$A_V = \frac{R_2 + R_1}{R_1} \quad \text{(a)}$$

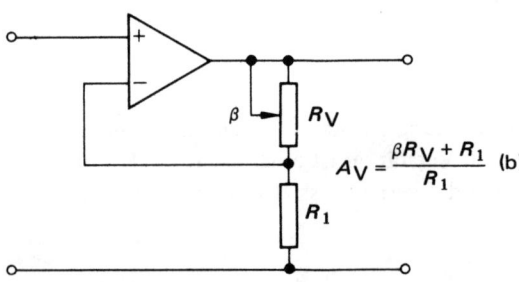

$$A_V = \frac{\beta R_V + R_1}{R_1} \quad \text{(b)}$$

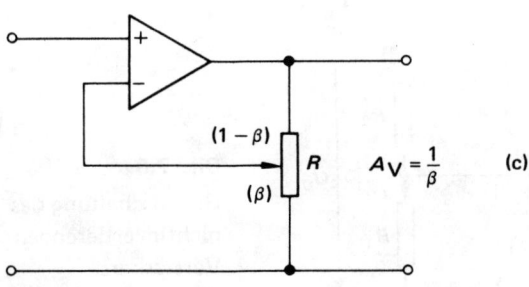

$$A_V = \frac{1}{\beta} \quad \text{(c)}$$

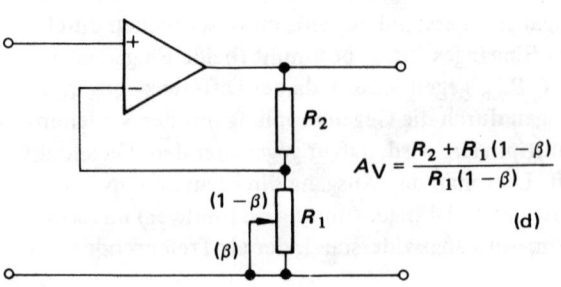

$$A_V = \frac{R_2 + R_1(1-\beta)}{R_1(1-\beta)} \quad \text{(d)}$$

Bild 7.9. Schaltmöglichkeiten beim Elektrometerverstärker. Fixe Verstärkung (a), einstellbare Verstärkung mit einstellbarer Gegenkopplung (b), Einstellung der Verstärkung mit Gegenkopplungspotentiometer (c), Gegenkopplungswiderstand fest und Teilwiderstand variabel. Mit A_V wird die Systemverstärkung bezeichnet.

7.9. Modifizierte Schaltungen

7.9.1. Wechselspannungsverstärker

Alle bisher besprochenen Schaltungen waren Gleichspannungsverstärker. Im Bild 7.10 werden einige Schaltungen für reine Wechselspannungsverstärker gezeigt, in die zusätzlich Kondensatoren eingebaut sind. Der Wert jedes Kondensators hängt von seinem Blindwiderstand X_L bei der fraglichen unteren Grenzfrequenz ab, wobei $X_L = 1/\omega C$ ist und X_L sehr klein gegenüber den anderen Widerständen bei der tiefsten zu übertragenden Frequenz sein soll. Die untere Reihe des Bildes zeigt Schaltungen, bei denen der Gleichspannungspegel des Operationsverstärkerausganges dem Gleichspannungspegel (0) des nichtinvertierenden Einganges folgt, so daß größtmögliche symmetrische Aussteuerung erreicht werden kann.

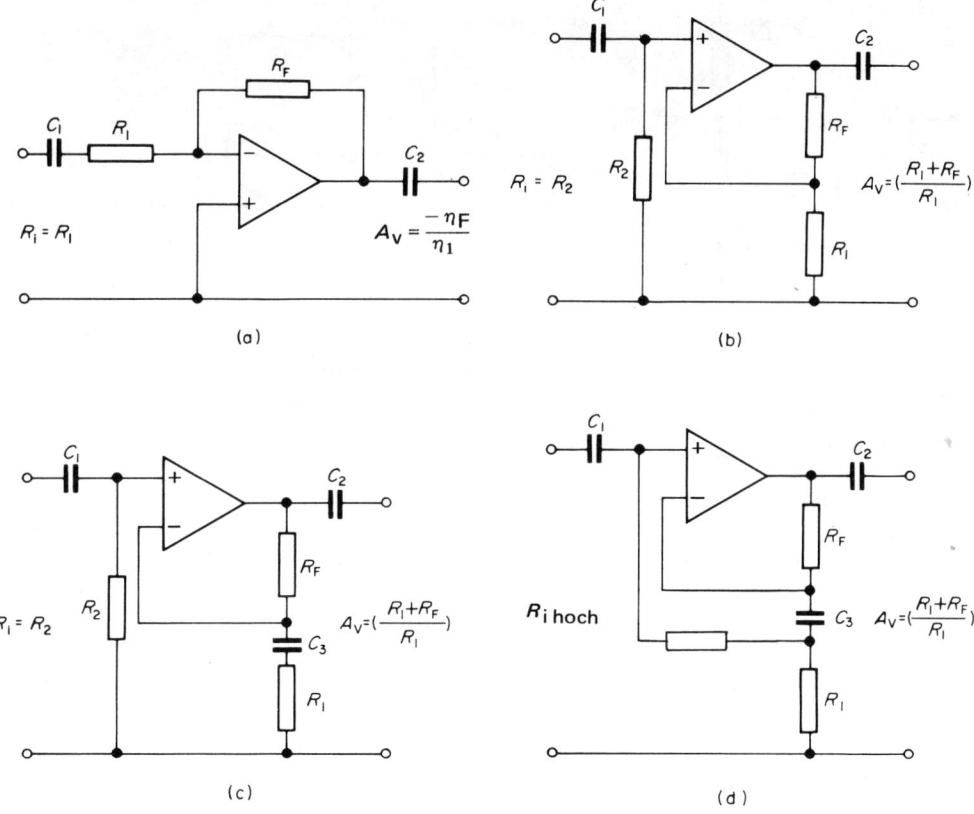

Bild 7.10. Wechselspannungsverstärkung mit Operationsverstärkern. Inverter (a), nichtinvertierender einfacher Wechselspannungsverstärker (b), nichtinvertierender Wechselspannungsverstärker mit 100 % Gleichspannungsgegenkopplung (c), nichtinvertierender Verstärker mit hohem Eingangswiderstand (d).

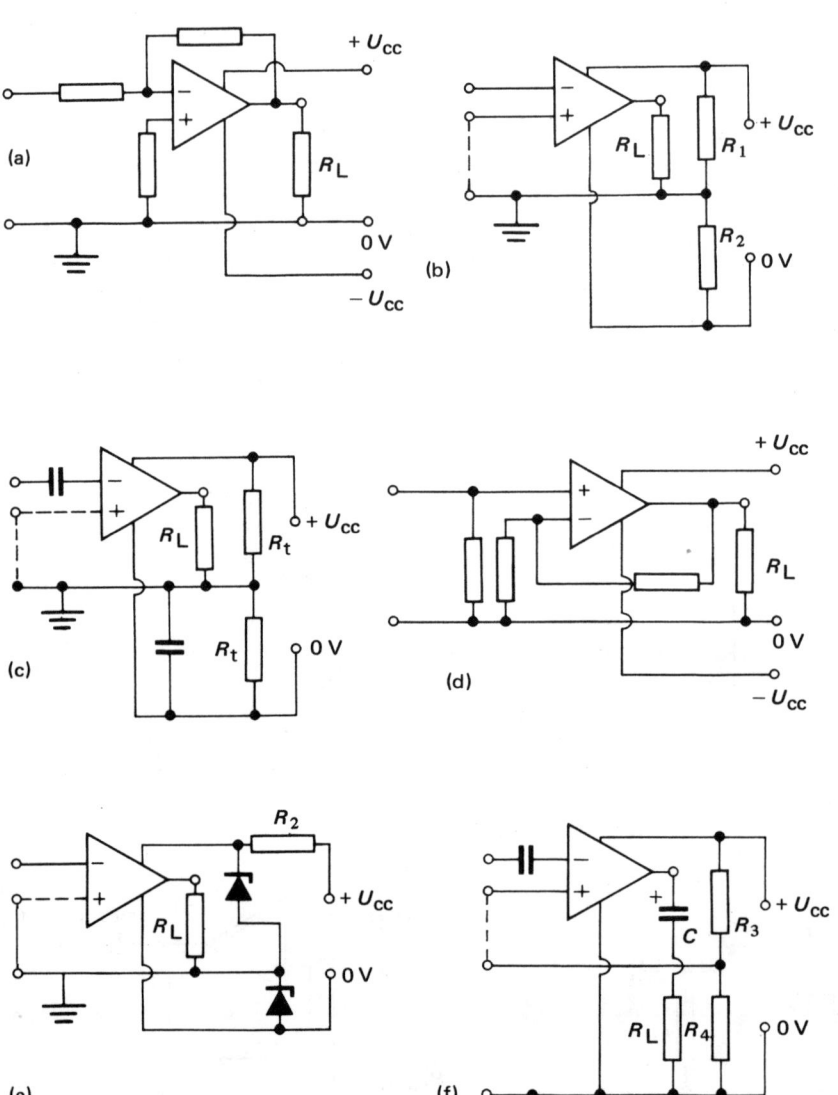

Bild 7.11. Spannungsversorgung von Operationsverstärkern. Symmetrische Versorgungs-
spannungen für den Inverter (a), Versorgung aus einer Spannungsquelle mit Spannungsteiler (b), Versorgung aus einer Batterie für Wechselspannungsverstärker (c), symmetrische Versorgungsspannung für den Elektrometerverstärker (d), Versorgung aus Einzelbatterie mit Stabilisierung durch Zenerdioden (e), Versorgung von Wechselspannungs-
verstärkern aus Einzelbatterie mit Lastwiderstand und Kondensatorkopplung gegen
Masseleitung (f).

7.9.2. Spannungsversorgung von Operationsverstärkern

Ein Differenzverstärker muß mit unabhängigen positiven und negativen Versorgungs-spannungen betrieben werden, die im Idealfall zwei ideale Spannungsquellen (siehe 1. Kapitel) mit Innenwiderstand = 0 sein sollten. Zwei Batterien, deren Mittelpunkt an die Nulleitung des Operationsverstärkers angeschlossen wird, sind dafür am besten ge-eignet. Im Bild 7.11 werden einige Möglichkeiten gezeigt, wie man einen Operationsver-stärker aus einer einzelnen Batterie betreiben kann. Dabei muß ein künstlicher Nullpunkt durch einen niederohmigen Spannungsteiler oder durch Zenerdioden geschaffen werden, der dann an den Nullpunkt des Operationsverstärkers gelegt wird. Die Batterien können selbstverständlich durch stabilisierte Netzgeräte ersetzt werden, die im nächsten Kapitel besprochen werden.

7.10. Rauschen im Differentiator

Das Bild 7.12 zeigt die Auswirkung der Differentiation und Integration des Rauschens in einem Verstärker. Man erkennt, daß der Differentiator insbesonderes hochfrequentes Rauschen verstärkt, während der Integrator vom Rauschen nur schwach gestört wird. Für sehr kurze Perioden des Rauschens wird beim Integrator kein Rauschen im Ausgang auftreten, und für sehr langsame Schwankungen ladet sich beim Integrator langsam seine Kapazität auf, aber dies ist von wesentlich geringerer Bedeutung als das Rauschen in der Verstärkung des Differentiators. Aus diesem Grund werden Integratoren gegenüber Differentiatoren bevorzugt verwendet, wo immer dies in analogen Schaltungen möglich ist.

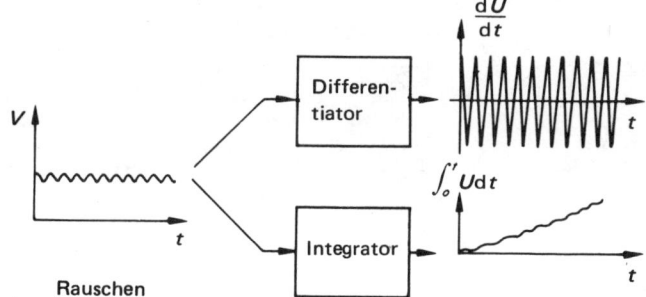

Bild 7.12

Auswirkungen des Rauschens im Differentiator und Integrator

7.11. Symbole für analoge Rechenschaltungen

Der Operationsverstärker wird im vorliegenden Buch in seiner gebräuchlichsten Dar-stellungsart als Dreieck wiedergegeben. Es gibt jedoch viele andere Möglichkeiten der Darstellung und einige von diesen sind mit ihren kennzeichnenden Gleichungen im Bild 7.13 wiedergegeben.

Operation	Blockschaltbild für Operation	Rechnersymbol	Schaltung	Gleichung
Division durch Konstante	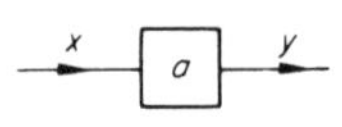	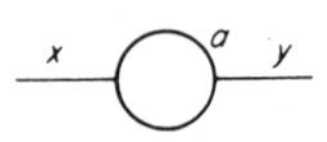	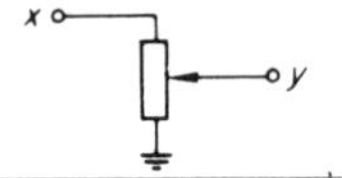	$y = ax$ $a \leqslant 1$
Multiplikation einer Variablen mit einem konstanten Faktor (skalare Multiplikation)	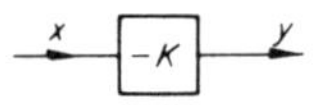	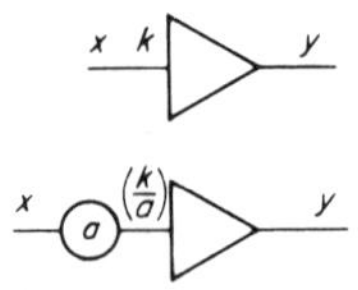	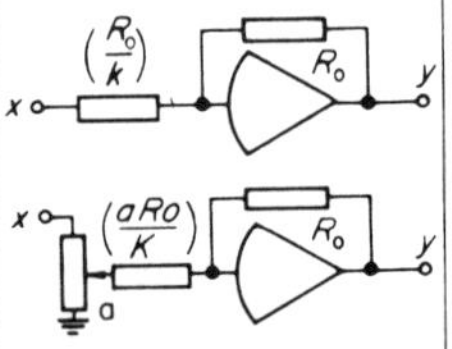	$y = -kx$ $k \geqslant 1$
Addition und Multiplikation mit konstanten Faktoren	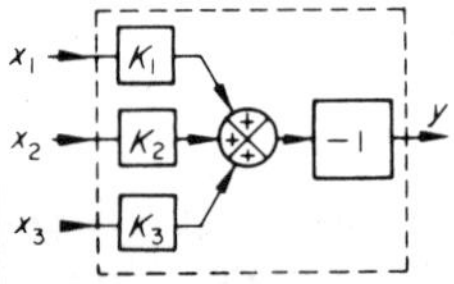	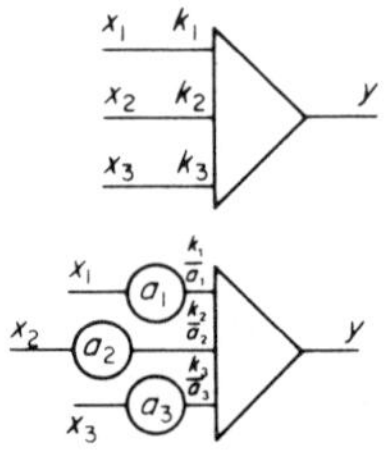	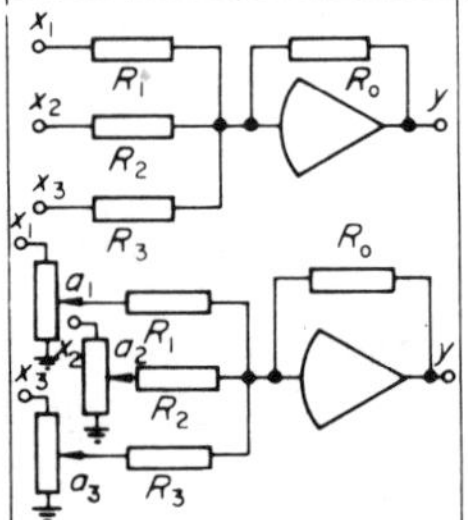	$y = -(k_1 x_1 + k_2 x_2 + k_3 x_3)$
Integration	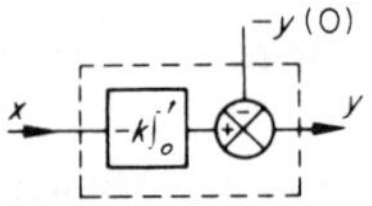	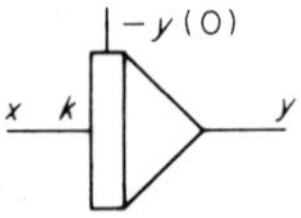	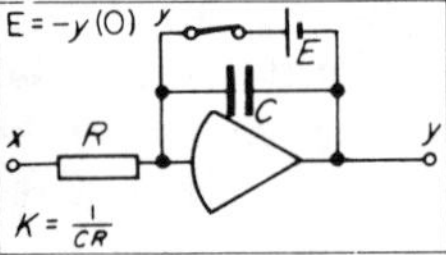	$y = -(-y_{(0)}) - \int_0^t x\,dt$
Addition und Integration	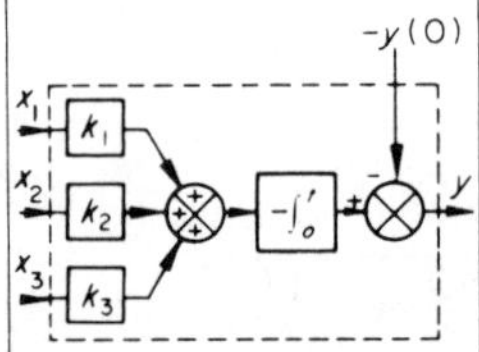	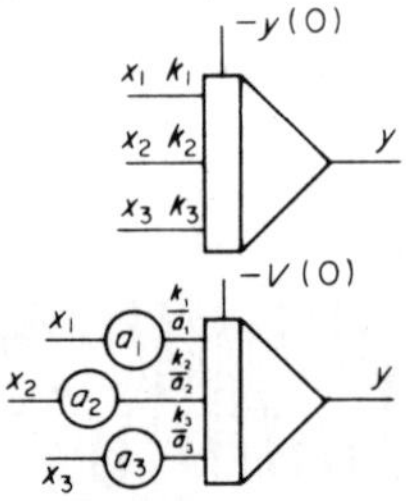	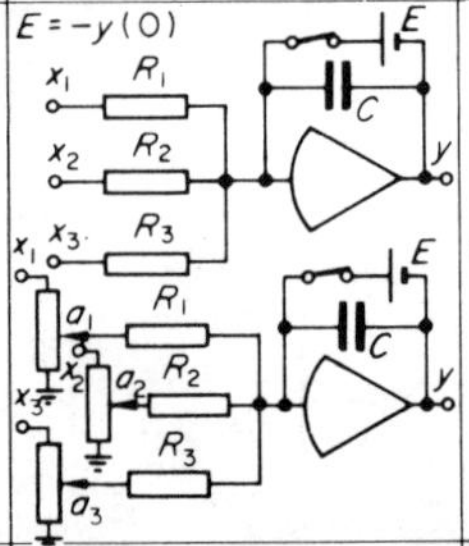	$y = y(0) - \int_0^t [k_1 x_1 + k_2 x_2 + k_3 x_3]\,dt$
Multiplikation einer Variablen mit einer Variablen (Multiplikation)	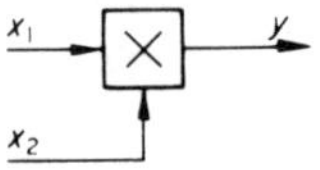	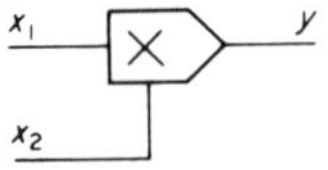	—	$y = x_1 x_2$
funktionale Schaltung	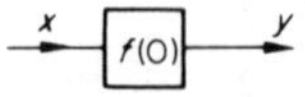		—	$y = f(x)$

Bild 7.13. Symbole für Operationsverstärker und ihre Anwendungen

8. Anwendungen von Operationsverstärkern

Im folgenden Kapitel wird eine Auswahl von praktischen Schaltungen vorgestellt und damit der Versuch unternommen, eine Verbindung zwischen Theorie und Schaltungstechnik der vorangegangenen Kapitel herzustellen und die Eigenschaften und Funktionen der linearen Schaltungen mit einem Minimum an experimentellem Aufwand an Hand der Werte der einzelnen Bauelemente zu demonstrieren. Die Schaltungen werden mit dem Operationsverstärker 741 entworfen, der im 6. Kapitel beschrieben wurde, obwohl eine Vielfalt anderer Operationsverstärker sich ganz ähnlich wie der 741 verhalten und an seiner Stelle eingesetzt werden können. Der 741 benötigt eine Versorgungsspannung zwischen ± 3 V und ± 18 V. Die Einstellung des Offset kann, falls erforderlich, durch den Anschluß eines 1 kΩ Potentiometers zwischen den Stiften 1 und 5 des Operationsverstärkers vorgenommen werden, wobei der Schleifer an der negativen Versorgungsspannung liegt. Die Werte der einzelnen Bauelemente sind keineswegs kritisch und ihre Toleranzen können in fast allen Fällen 10 % betragen. Die sieben Abschnitte dieses letzten Kapitels behandeln von einfachen Verstärkern bis zu Pulscodemodulatoren die verschiedensten Schaltungen. Durch Kombination dieser Schaltungen können auch kompliziertere funktionale Schaltungen aufgebaut werden.

Die meisten Anwendungen beinhalten die folgenden drei grundlegenden Schaltungen: 1. den frequenzabhängigen Verstärker vom Abschnitt 7.2, der aus Differentiator oder Integrator aufgebaut ist, um die vorgegebene Frequenzabhängigkeit zu erreichen, 2. den Komparator, von dem z.B. der Multivibrator eine Anwendung ist, und 3. einen Verstärker mit nichtlinearer Gegenkopplung um logarithmische, exponentielle oder andere funktionale Abhängigkeiten zu erreichen. Die Beschreibung der Schaltung selbst ist kurz gehalten, da die meisten Schaltungen aus den drei grundlegenden, ausführlich beschriebenen Bausteinen aufgebaut sind.

8.1. Verstärkung

8.1.1. Invertierender Verstärker

Im Normalfall wird der Operationsverstärker mit spannungsgesteuerter Parallelgegenkopplung für allgemeine Verstärkeranwendungen betrieben, da dieser Aufbau einen Eingangswiderstand aufweist, der dem Widerstand R_i entspricht und einen sehr kleinen Ausgangswiderstand ergibt. Die Verstärkung selbst ist durch das Verhältnis R_f/R_i bestimmt. Das Bild 8.1 zeigt einen einfachen Verstärker mit der Verstärkung 10, der für Wechsel- oder Gleichspannungsbetrieb verwendbar ist. In diesem Bild sind auch die Anschlüsse der Stifte des Sockels des 741 in Draufsicht angegeben.

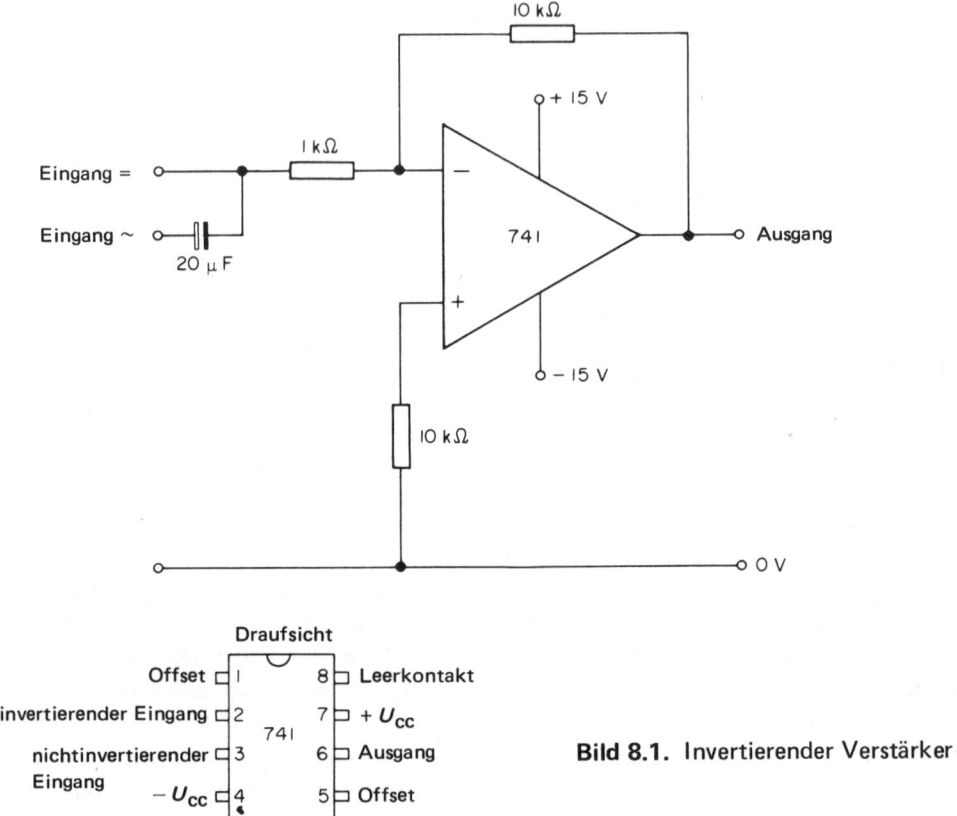

Bild 8.1. Invertierender Verstärker

8.1.2. Nichtinvertierender Verstärker

Wird das Eingangssignal an den nichtinvertierenden Eingang des Operationsverstärkers angeschlossen, so entsteht der nichtinvertierende Verstärker. Die Gegenkopplung muß jedoch nach wie vor zum invertierenden Eingang geführt werden, wie dies Bild 8.2 zeigt. Für reine Wechselspannungsverstärkung wird ein Kondensator C zwischen den Widerstand (1 kΩ) und Masse eingeschaltet. Damit ergibt sich für Gleichspannung eine Verstärkung von 1. Der Arbeitspunkt des Verstärkers ist durch das Gleichspannungspotential des nichtinvertierenden Einganges gegeben. Erst ab der Frequenz $1/2\pi CR_1$ gibt dieser Verstärker eine Spannungsübersetzung $A_V = 1 + (R_2/R_1)$, wie er sie auch bei Kurzschluß von C für Gleichspannungen zeigt.

8.1.3. Vorverstärker und Endstufen

Das Bild 8.3 zeigt zwei verschiedene Vorverstärkerschaltungen, wobei die eine invertierend (b) und die andere nichtinvertierend (a) ist, sowie zwei verschiedene Endstufen. Die Schaltung (c) kann unverzerrt 200 mW und die Schaltung (d) 500 mW an einen Lastwiderstand

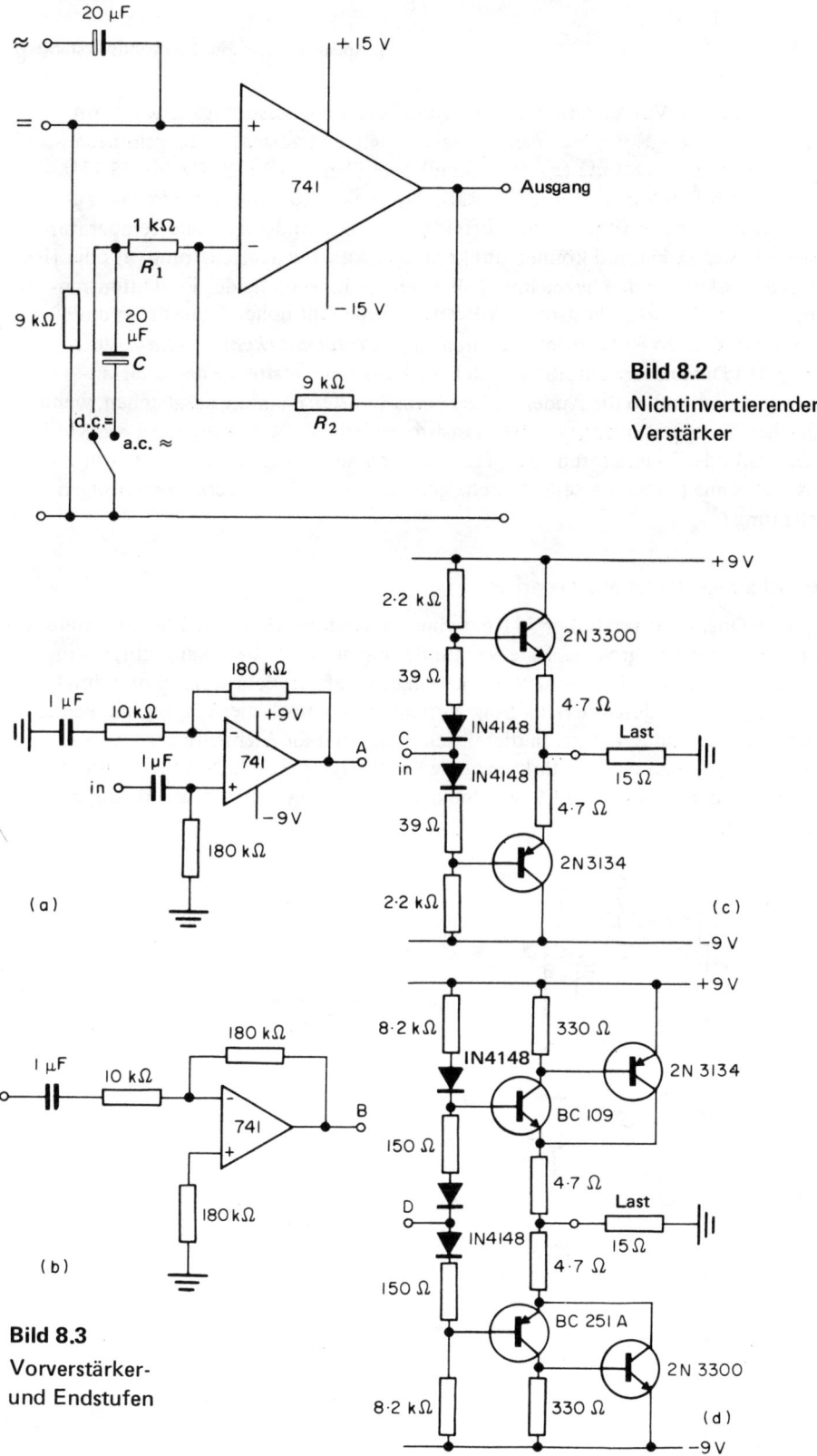

Bild 8.2
Nichtinvertierender
Verstärker

Bild 8.3
Vorverstärker-
und Endstufen

von 15 Ω abgeben. Die Vorverstärker sind entsprechend dem Schaltungsentwurf von Kapitel 3 und 5 ausgelegt, wechselspannungsgekoppelt und zeigen Eingangsimpedanzen von 10 kΩ (b) und 180 kΩ (a). Ihre Bandbreite überstreicht 20 Hz bis 25 kHz zwischen den 3 dB-Punkten und ihre Verstärkung beträgt 20 bei einer maximal zulässigen Eingangsspannung von 200 mV Effektivwert. Die Endstufen sind temperaturkompensierte B-Verstärker und können direkt an den Ausgang der Schaltung (a) oder (b) angeschlossen werden. Hierbei bezeichnet B-Betrieb die Einstellung der Endstufentransistoren mit einem kleinen Ruhestrom. (A-Betrieb würde sehr hohen Ruhestrom und C-Betrieb verschwindenden Ruhestrom bedeuten). Die *Temperaturkompensation* wird durch die beiden Dioden erreicht, die parallel zur Basis-Emitterstrecke des Endtransistor geschaltet sind und so die Änderung der Basis-Emitterspannung ausgleichen, wenn sie den gleichen Temperaturgang wie die Transistoren haben. Sie müssen daher am *Kühlkörper* (heat sink) der Transistoren angebracht werden, um auf gleicher Temperatur zu liegen. Die Schaltung (d) hat bessere Rauscheigenschaften und geringere Verzerrungen als die Schaltung (c).

8.1.4. Rauscharmer Operationsverstärker

Der integrierte Operationsverstärker 741 hat eine Rauschzahl, die speziell für Anwendungen mit hoher Verstärkung zu groß ist. Eine Verminderung des Rauschens kann durch Vorschalten einer rauscharmen Differenzverstärkereingangstufe erreicht werden und durch Gegenkopplung über die gesamte Schaltung wird außerdem noch die Ausgangsimpedanz vermindert, wie dies Bild 8.4 zeigt. In dieser Schaltung sind die Elemente der Gegenkopplung so gewählt, daß der Verstärkungsgang der Platten-R.I.A.A. Norm entspricht. Durch den Lastwiderstand von 15 kΩ werden die Übernahmeverzerrungen im Ausgang sehr klein gehalten.

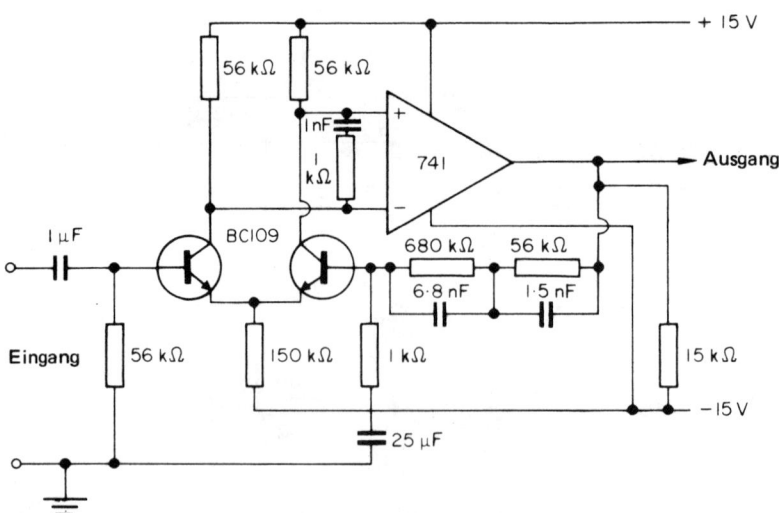

Bild 8.4. Rauscharmer Operationsverstärker

8.1.5. Verstärker für Kristalltonabnehmer

Es sind zahlreiche Anwendungen des Operationsverstärkers in der HI-FI-Technik möglich:
Es kann z. B. der 741 als Filter mit hoher Verstärkung geschaltet werden und damit Mikro-
phone oder Tonabnehmer an den Endverstärker angepaßt werden. Das Bild 8.5 zeigt dies
für einen Kristalltonabnehmer, bei dem eine sehr hohe Eingangsimpedanz des Verstärkers
notwendig ist. Zur Erhöhung der Eingangsimpedanz wird die Elektrometerschaltung mit
einer Verstärkung von etwa 10 und Bootstrap verwendet.

Das Bild 8.6a zeigt einen Elektrometerverstärker mit spannungsgesteuerter Spannungsgegenkopplung, der für richtige Anpassung an den Mikrophontransformator sorgt. Dieser
Transformator hat ein Übersetzungsverhältnis von 15 : 1, um den 200 Ω Mikrophonaus-
gang auf den 50 kΩ Ausgang zu transformieren. Die gesamte Verstärkung dieser Schaltung liegt über 100. Die Ausgangsleistung beträgt einige 10 mW.

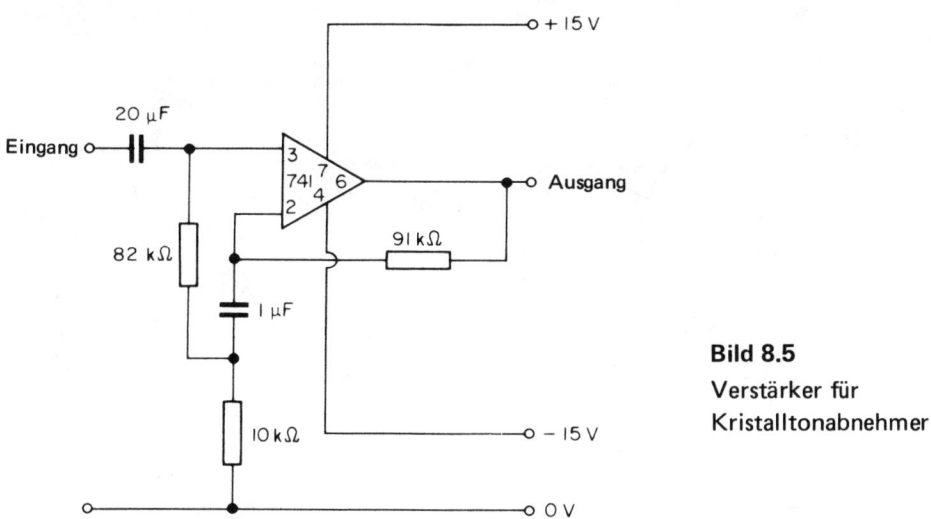

Bild 8.5

Verstärker für
Kristalltonabnehmer

Der Verstärker im Bild 8.6b übersetzt die Spannung 1 : 1, hat aber einen Bootstrap-
Kondensator, um einen möglichst hohen Eingangswiderstand des Verstärkers zu erzielen.
Es wird dadurch die Kapazität des keramischen Tonabnehmers sehr schwach belastet und
so ergibt sich keine Abschwächung der hohen Frequenzen. Im Bild 8.6c wird eine Klang-
regelschaltung wiedergegeben, die für jeden HI-FI-Verstärker angewendet werden kann.
Im englischen Sprachraum ist sie unter Baxandall-Schaltung bekannt und hat wegen ihrer
Symmetrie bezüglich der Potentiometerschleifer in Bandmitte die Verstärkung 1.

8.1.6. Tonfrequenz-Mischverstärker

Im 5. Kapitel haben wir den invertierenden Eingang eines Operationsverstärkers als
Summationspunkt definiert, denn dort werden alle Eingangsströme addiert und ergeben
zusammen den Strom im Gegenkopplungszweig. Tonfrequenzsignale können in ähnlicher
Weise dort summiert werden und es ergibt sich so die Schaltung 8.7, die für jeden Kanal
eine Verstärkung von 10 hat. Die Eingänge müssen mit Elektrolytkondensatoren gekoppelt
werden. Es kann eine beliebige Zahl von Kanälen summiert werden, hochohmige Quellen
vorausgesetzt.

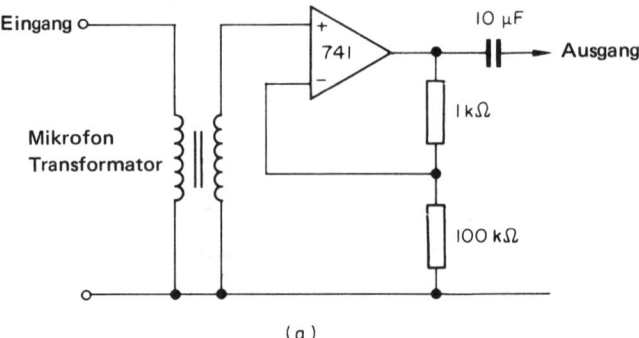

(a)

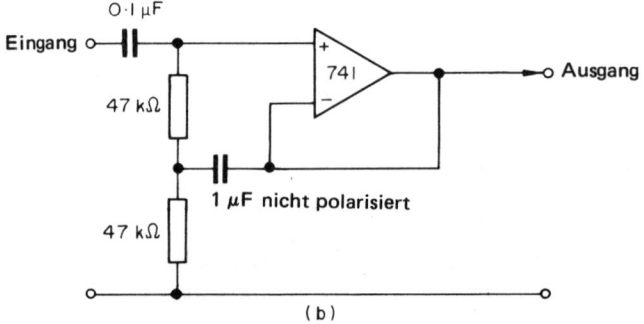

(b)

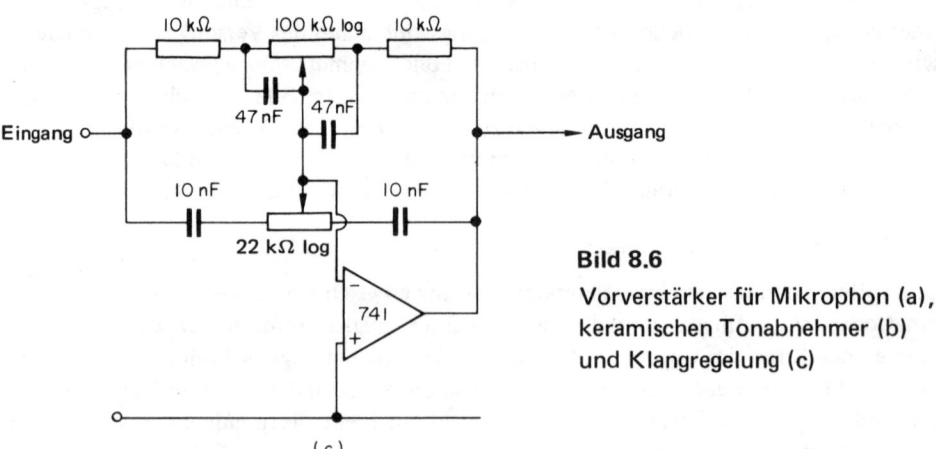

(c)

Bild 8.6

Vorverstärker für Mikrophon (a),
keramischen Tonabnehmer (b)
und Klangregelung (c)

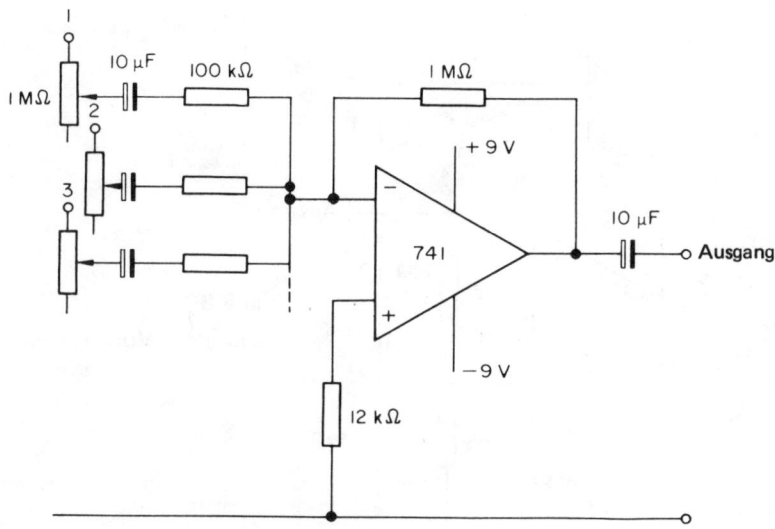

Bild 8.7. Tonfrequenz-Mischverstärker

8.1.7. Vorverstärker für Oszilloskope

Die Eingangsempfindlichkeit mancher Oszilloskope ist gering, d. h. mit etwa 100 mV/cm
auf einem 80 mm Bildschirm begrenzt. Die im Bild 8.8 gezeigte Schaltung verstärkt das
Wechselspannungssignal mit dem Faktor 10. Sie invertiert nicht und hat wegen der starken
Gegenkopplung eine große Frequenzbandbreite. Hier wird wieder der Eingang an den
nichtinvertierenden Eingang des Operationsverstärkers gelegt und die Gegenkopplung am
invertierenden Eingang mit einen 10 μF-Kondensator zum Eingang hingeführt. Diese
Bootstrap-Schaltung ergibt eine sehr hohe Eingangsimpedanz, die speziell für einen
Kleinsignalverstärker in dieser Anwendung notwendig ist. Die Wirkung des 10 μF-Kon-
densators kann auch so verstanden werden, daß der nichtinvertierte Ausgang gleichphasig
an den Eingang zurückgeführt wird, womit ein sehr geringer Stromfluß durch den 1MΩ-
Eingangswiderstand erreicht wird. So ist der Eingangswiderstand sehr groß und es fließen
tatsächlich nur vernachlässigbar kleine Ströme im Widerstand.

8.2. Aktive Filter

8.2.1. Hoch- und Tiefpaßfilter

Wir haben im 5. Kapitel den Integrator als Tiefpaßfilter und den Differentiator als Hochpaßfilter kennengelernt. Im Bild 8.9 sind zwei 1 : 1 Spannungfolger dargestellt, deren
Gegenkopplung im Fall (a) so eingestellt ist, daß sich Integration und Tiefpaßverhalten
und im Falle (b) Differentiation und Hochpaßverhalten ergibt. Die starke Gegenkopplung
bewirkt bei diesen Schaltungen einen geringen Ausgangswiderstand. Im Variationsbe-
reich der Potentiometer kann die Grenzfrequenz des Tiefpasses (a) von 500 Hz bis
20 kHz und die des Hochpasses (b) von 10 Hz bis 5 kHz verstellt werden.

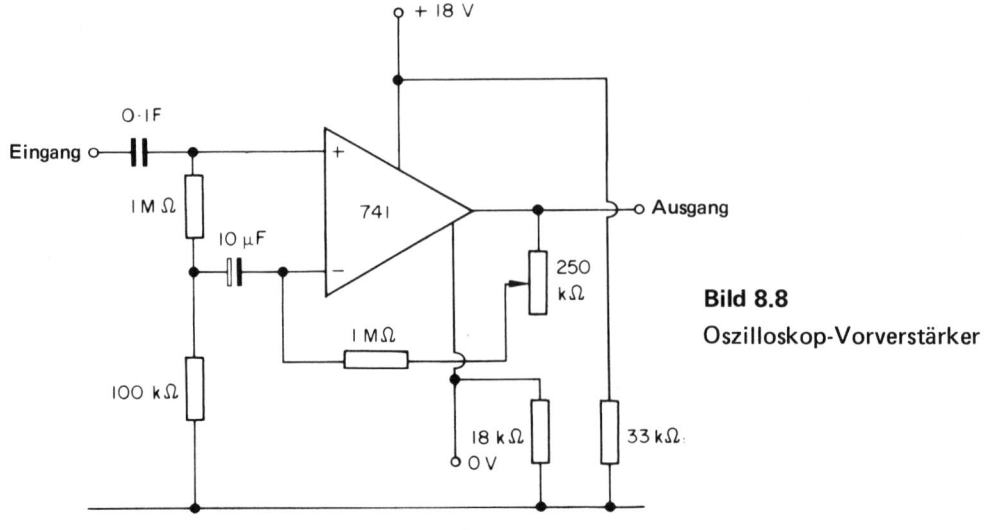

Bild 8.8

Oszilloskop-Vorverstärker

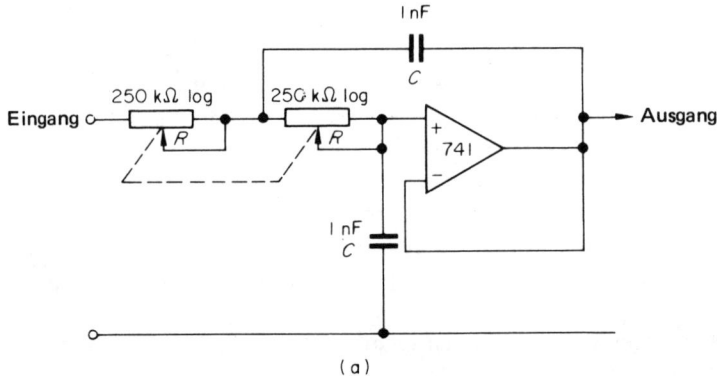

(a)

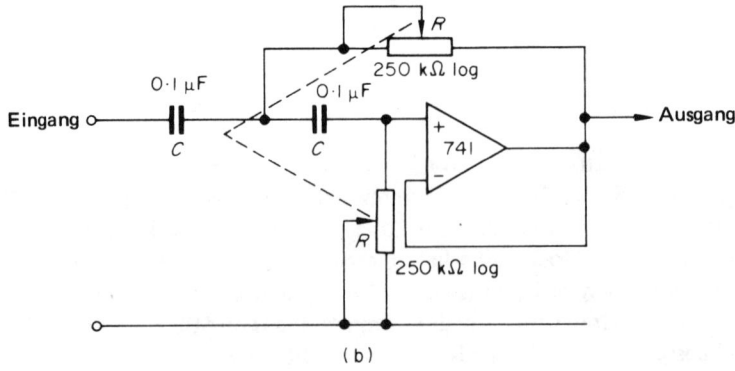

(b)

Bild 8.9

Aktives
Tief- und
Hochpaßfilter

Diese Schaltungen sind zwei Beispiele aktiver R-C Filternetzwerke, deren Grenzfrequenz (oder Resonanzfrequenz) durch die Formel $f_0 = 1/2\pi\,CR$ gegeben ist. Wird das Potentiometer im Fall (a) auf 250 kΩ eingestellt, so ergibt sich ein Übertragungsbereich bis etwa 300 Hz. Im Fall (b) wird für die Einstellung 250 kΩ ab einer Frequenz von etwa 6 Hz und für die Einstellung 1 kΩ ab etwa 2 kHz übertragen.

8.2.2. Aktives RC Bandpaßfilter

Das Bild 8.10c zeigt ein vielseitig verwendbares aktives Filter. Bei hohen Frequenzen wirken die Kapazitäten als Kurzschluß und es entsteht der im Bild 8.10a angegebene Verstärker, der eine Verstärkung von 0 hat. Bei tiefen Frequenzen wirken die Kapazitäten als Leerlauf und es entsteht die Schaltung 8.10b, die ebenfalls verschwindende Verstärkung besitzt. Bei mittleren Frequenzen ist die Verstärkung nicht 0, sondern durch die Formel

$$\frac{U_o}{U_i} = \frac{H_o}{1 + jQ\left(\dfrac{\omega}{\omega_o} - \dfrac{\omega_o}{\omega}\right)}$$

gegeben. Dabei ist die Mittenfrequenz ω_o die Frequenz maximaler Verstärkung H_o. Beim Entwurf der Schaltung geht man so vor, daß man zuerst R_1 wählt (etwa 10 kΩ), dann wird der Wert der beiden gleichgroßen Kondensatoren C_1 und C_2 aus der Formel $C = 2Q/\omega_o R_1$ bestimmt. Die Werte von R_3 und R_2 werden so angenommen, daß $R_2 = R_1/2H_o$ und $R_3 = R_1/(4Q^2 - 2H_o)$ ist. Damit kann mit H_o und der Güte Q jedes Element der Schaltung bestimmt werden. Ein vernünftiger Wert für die Güte Q ist 10 oder weniger.

8.2.3. Abstimmbares aktives Filter

Die im Bild 8.11 wiedergegebene Schaltung kann mittels R_1 auf eine vorgegebene Frequenz zwischen 150 Hz und 3 kHz abgestimmt werden. Die Bandbreite ist dabei durch R_2 einstellbar. Die Sperrdämpfung kann größer als 40 dB sein. In dieser Schaltung ist der erste 741 als aktiver Bandpaß ähnlich dem des Bildes 8.10 geschaltet und der zweite 741 als Summierverstärker.

8.2.4. Verstärker für biologische Messungen (Bild 8.12)

Eine sehr nützliche Anwendung aktiver Filter ist ein Gerät zur Untersuchung der verschiedenen Rhythmen in den Gehirnströmen. Es werden Hautelektroden auf die Schädeldecke aufgesetzt und die kleinen Schwankungen der Potentiale durch diese Elektroden aufgenommen und verstärkt. Das Signal liegt in der Größenordnung von 10 μV und deshalb wird die Signalverarbeitung in drei Schritten durchgeführt: Hohe Verstärkung, Ausfiltern der tiefen Frequenzen und schließlich Modulation und Detektion. Da ein Operationsverstärker in der hochverstärkenden Eingangsstufe zu stark rauscht, muß ein rauscharmer Verstärker, etwa der des Abschnittes 8.1.4, Verwendung finden. Obwohl die Frequenzen der Hirnströme sehr niedrig sind, würde das im Verstärker erzeugte hochfrequente Rauschen am Ausgang sichtbar werden und das Signal verdecken. Ein Transistorverstärker mit einer Verstärkung von 300 dient als Vorstufe. Es folgt dann ein Tief-

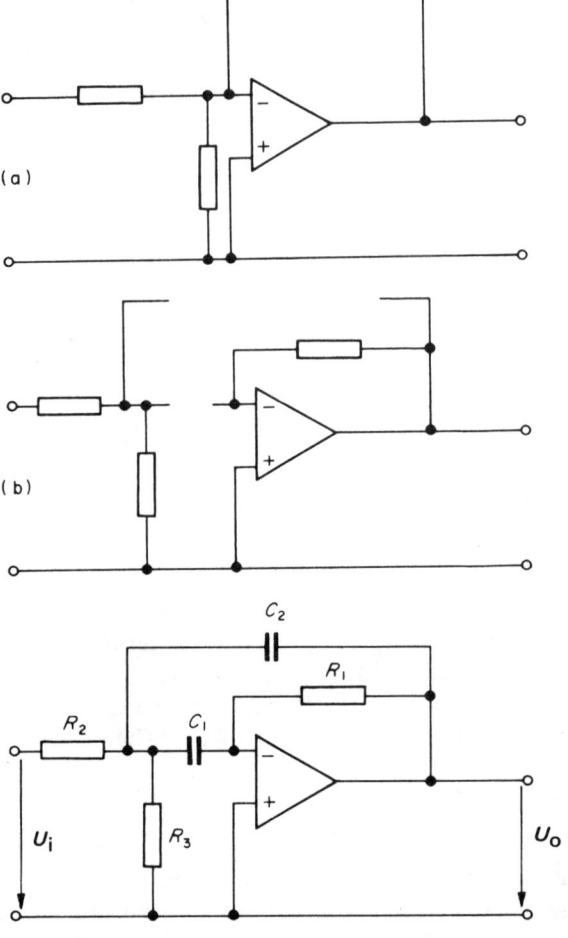

Bild 8.10
Entwurf
eines aktiven
Bandpaßfilters

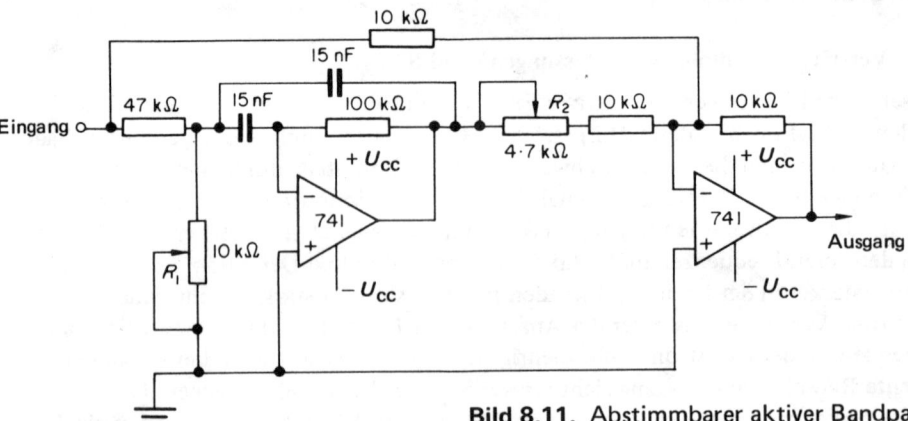

Bild 8.11. Abstimmbarer aktiver Bandpass

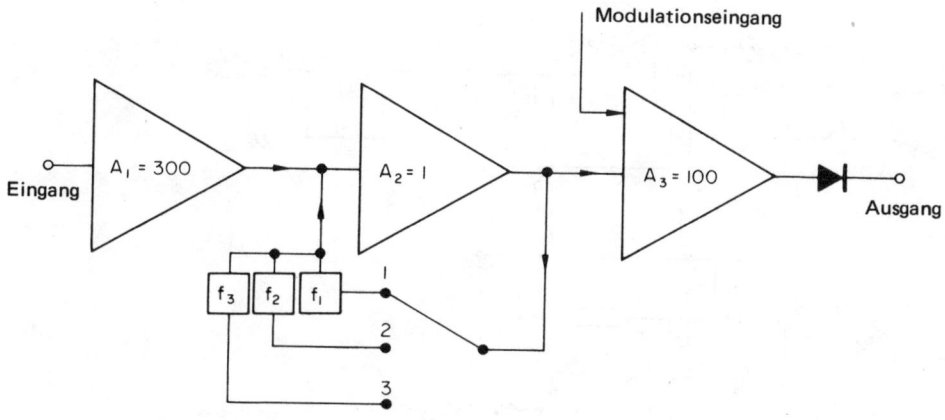

Bild 8.12. Verstärker für biologische Vorgänge

paßfilter, wie es in Abschnitt 8.2.1. beschrieben worden ist, das auf die $\alpha(8-13\ \text{Hz})$, β (größer als 13 Hz), δ (4 Hz) oder Θ (4–8 Hz)-Hirnfrequenzen abgestimmt werden kann. Da diese Schwankungen eine sehr niedere Frequenz haben, können sie nur schwer direkt detektiert werden. Aus diesem Grund muß man einen Modulator am Ausgang einfügen, der die Frequenz eines Trägers gemäß den Hirnfrequenzen verändert und damit die Detektion erleichtert. Die β Frequenz entsteht durch Angst, die δ Frequenz herrscht während des Schlafes, die Θ Frequenz ist mit schöpferischer Tätigkeit und die α Frequenz mit Entspannung verbunden.

8.3. Oszillatoren

8.3.1. Multivibratoren

Der Komparator des Abschnittes 7.2 wird häufig als Sperrschwinger verwendet und dann üblicherweise als Multivibrator bezeichnet. Diese Schwingschaltung hat verschiedene Ausführungsformen, je nachdem, ob sie von einem äußeren Synchronisierimpuls getriggert werden, oder ob sie frei laufen. Das Bild 8.13a zeigt einen *bistabilen Multivibrator* (flipflop), der aus einem Komparator besteht, dessen Ausgangsspannung die beiden Werte $U_{o\,sat}^{+}$ und $U_{o\,sat}^{-}$ annimmt; das Umschalten wird jeweils durch einen *Eingangstriggerimpuls* ausgelöst. Das Bild 8.13b zeigt einen *monostabilen Multivibrator* (monoflop). Diese Schaltung liefert einen Einzelimpuls als Antwort auf einen negativen Triggerimpuls, der über die Diode D_2 an den nichtinvertierenden Eingang des Komparators angelegt wird. Es springt dann die Ausgangsspannung von $U_{o\,sat}^{+}$ auf $U_{o\,sat}^{-}$ und der Kondensator C lädt sich über R langsam auf negative Spannung auf. Sobald der invertierende Eingang die durch das Rückkopplungsverhältnis β gegebene Spannung des nichtinvertierenden Einganges erreicht hat, schlägt der Multivibrator in seine Ruhelage auf $U_{o\,sat}^{+}$ zurück. Die

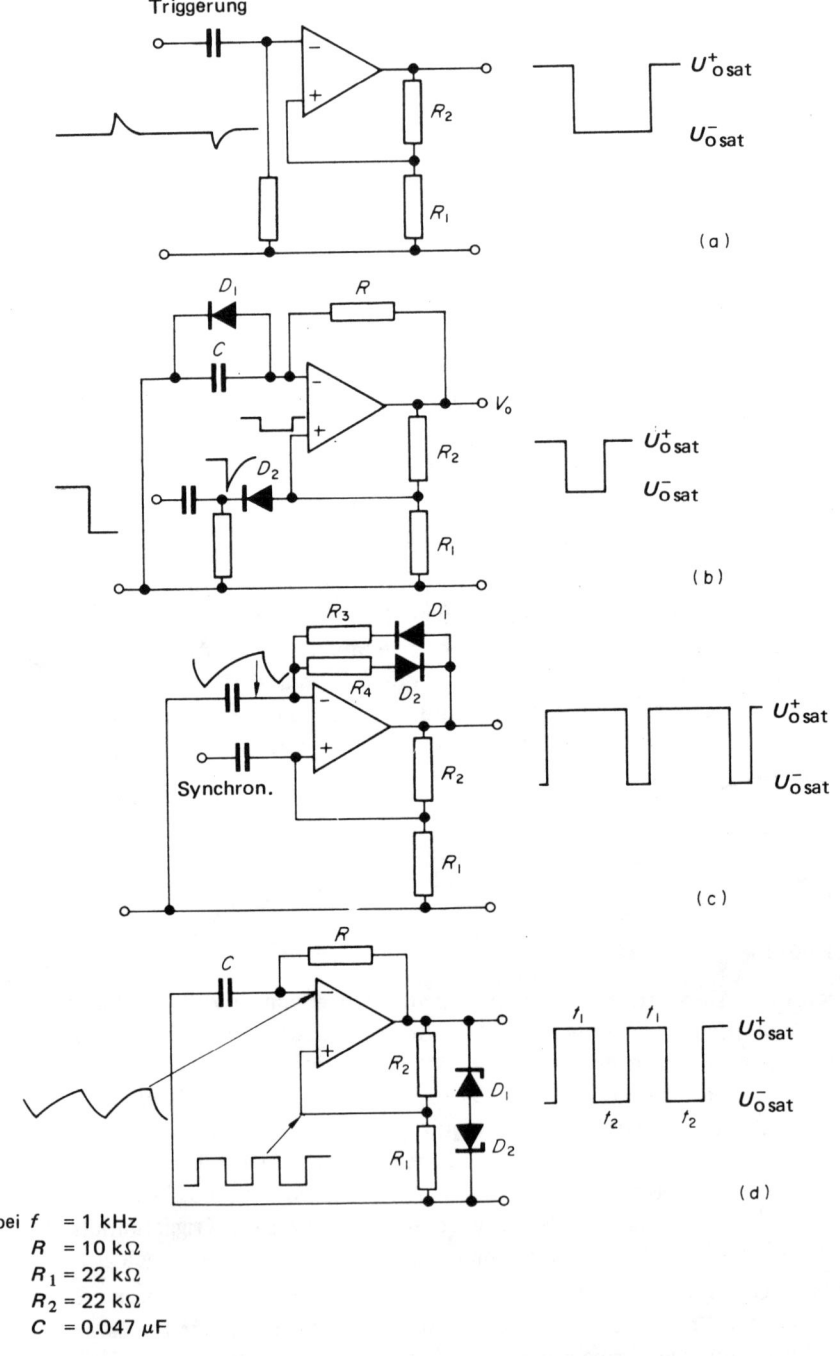

bei f = 1 kHz
R = 10 kΩ
R_1 = 22 kΩ
R_2 = 22 kΩ
C = 0.047 μF

Bild 8.13. Multivibratoren (a) bistabil; (b) monostabil; (c) unsymmetrisch astabil; (d) astabil.

Diode D_1 verhindert eine Aufladung von C auf positive Werte, so daß der Ausgang auf positiver Spannung bleibt und erst wieder durch einen Synchronisierimpuls negativ wird. Die Schaltung bleibt während der Zeit T im astabilen Zustand:

$$T = CR \ln \left[\frac{U_{o\,sat}^-}{U_{o\,sat}^- - \beta U_{o\,sat}^-} \right]$$

$$= CR \ln \left[\frac{1}{1 - \beta} \right]$$

$$= CR \ln \left(1 + \frac{R_1}{R_2} \right) \quad \text{wobei der Rückkopplungsfaktor} \quad \beta = \frac{R_1}{R_1 + R_2} \quad \text{ist.}$$

Ein astabiler Multivibrator (d. h. ein freilaufender Rechteckgenerator) ist im Bild 8.13c und d wiedergegeben. Bei diesen Schaltungen wird die Ausgangsspannung selbständig von einem Sättigungswert zum anderen umgeschaltet. Die Periode T der Schwingung ist wieder durch die Zeitkonstante der Aufladung der Kapazität gegeben. In der Schaltung (c) erfolgt die Aufladung auf positive Spannungswerte im invertierenden Eingang über Diode D_1 und Widerstand R_3 und auf negative Werte über D_2 und R_4, demgemäß ist

$$t_1 = R_3 C \ln \left[\frac{U_{o\,sat}^+ - \beta U_{o\,sat}^-}{U_{o\,sat}^+ - \beta U_{o\,sat}^+} \right]$$

$$= R_3 C \ln \left[\frac{U_{o\,sat}^+ - \beta U_{o\,sat}^-}{U_{o\,sat}^+ (1 - \beta)} \right]$$

und ähnlich

$$t_2 = R_4 C \ln \left[\frac{U_{o\,sat}^- - \beta U_{o\,sat}^+}{U_{o\,sat}^- (1 - \beta)} \right]$$

Die Schaltung (d) gibt eine symmetrische Rechteck-Ausgangsspannung mit einem *Tastverhältnis* (mark-space ratio) vom Wert 1. Da für beide Polaritäten C jeweils über R von gleich großen Sättigungsspannungen aufgeladen wird, ist $t_1 = t_2$ und als Periode T der Schwingung ergibt sich:

$$T = t_1 + t_2 = 2RC \ln \left[\frac{1 + \beta}{1 - \beta} \right]$$

$$= 2RC \ln \left(1 + \frac{2R_1}{R_2} \right)$$

Genauso wie die Schaltung (a) und (b) können auch freischwingende Multivibratoren mit Triggerimpulsen synchronisiert werden, die den Multivibrator mit einer bestimmten Frequenz zu einem vorgegebenen Zeitpunkt in einer Periode umkippen.

Im Bild 8.14 ist die Schaltung eines 1 kHz-Oszillators angegeben. Die Ausgangsfrequenz dieser Schaltung kann bis zu einigen Hz heruntergehen, wenn man für C einen großen Elektrolytkondensator verwendet. Wenn man hingegen den Gegenkopplungswiderstand von 10 kΩ wesentlich erhöht, schwingt die Schaltung nicht mehr, denn die Aufladung von C erfolgt nur mehr unvollständig. Die Zenerdioden D_1 und D_2 sind nur dann notwendig, wenn eine saubere Rechteckspannung am Ausgang erwünscht ist, da diese beiden Dioden die schwach verzerrten oberen und unteren Teile des Ausgangssignales flach abschneiden. Als Überlastungsschutz des Operationsverstärkers ist der 680 Ω Ausgangswiderstand eingebaut.

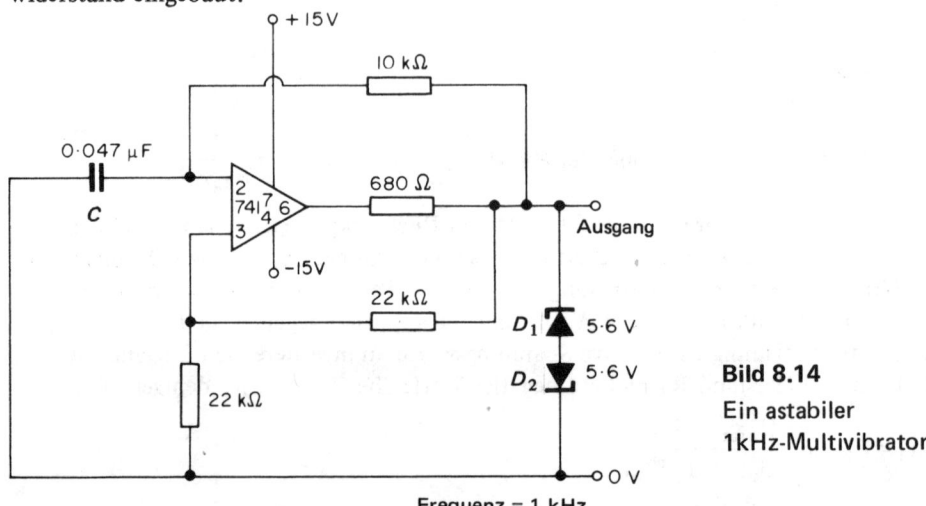

Bild 8.14
Ein astabiler
1kHz-Multivibrator

8.3.2. Sinus- und Kosinus-Generator

Durch eine Mitkopplung vom Ausgang zum Eingang eines Verstärkers können bei einer gewünschten Frequenz Sinusschwingungen durch einen Verstärker erzeugt werden. So können zwei in Serie geschaltete 741 auf diese Weise zum Schwingen gebracht werden, indem man sicherstellt, daß die Phasenbeziehung genau bei der Oszillatorfrequenz erfüllt ist. Das Bild 8.15 zeigt einen Sinus- und Kosinus-Generator, der aus einem nichtinvertierenden und invertierenden Integrator aufgebaut ist, wobei die Periode der Schwingungen durch $2\pi RC$ gegeben ist. Die Zenerdioden stabilisieren die Amplituden der positiven Rückkopplung und es sollte R_1 größer als R gewählt werden, um dies zu ermöglichen.

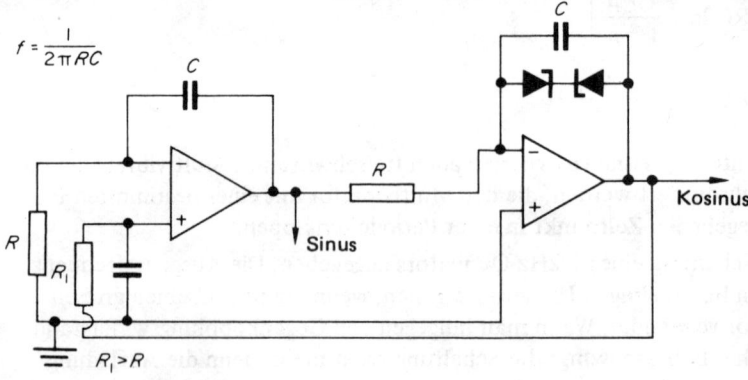

Bild 8.15. Sinus- und Kosinusgenerator

8.3.3. Wien-Brücken-Oszillator

Ein anderer Sinusgenerator kann mit Hilfe der bekannten Wien-Brücke aufgebaut werden, wie dies Bild 8.16 zeigt.

Die Rückkopplung durch diese Brücke auf den nichtinvertierenden Eingang des Verstärkers führt zu folgenden Spannungsverhältnissen der rückgekoppelten Größe in Abhängigkeit von der Frequenz: für sehr niedere Frequenzen ist die Rückkopplungsspannung sehr klein und besitzt gegenüber der Ausgangsspannung eine Phasenverschiebung von $+90°$. Für sehr hohe Frequenzen ist die Spannung wiederum sehr klein und die Phasenverschiebung beträgt $-90°$. Dazwischen liegt die Resonanzfrequenz $f = 1/2\pi RC$, bei der eine ohmsche Spannungsteilung vom Betrag $1:3$ auftritt. Die Bauelemente im Bild 8.16 sind für eine Schwingfrequenz von 1 kHz dimensioniert. Der temperaturabhängige Widerstand als Gegenkopplung zwischen dem invertierenden Eingang und dem Ausgang ist erforderlich, um eine stabile Amplitude der Schwingung zu erhalten. Würde ein normaler Widerstand eingebaut werden, so könnte sich eine Frequenzdrift ergeben. Diesem Effekt wirkt die Reduktion des Gegenkopplungswiderstandes entgegen, die sich bei Erwärmung durch übermäßig hohes Ausgangssignal ergibt. Dieses Gegenkopplungsbauelement kann ein beliebiger temperaturabhängiger Widerstand sein, aber im Hinblick auf die Spannungsübersetzung von $1:3$ der Wien-Brücke bei Resonanzfrequenz ist es günstig R_n so zu wählen, daß sich $R_1/(R_1 + R_n) = 1/3$ ergibt. Das führt hier auf $R_n = 940\ \Omega$. Es können auch R oder C veränderlich aufgebaut werden, um eine Variation der Oszillatorfrequenz zu ermöglichen.

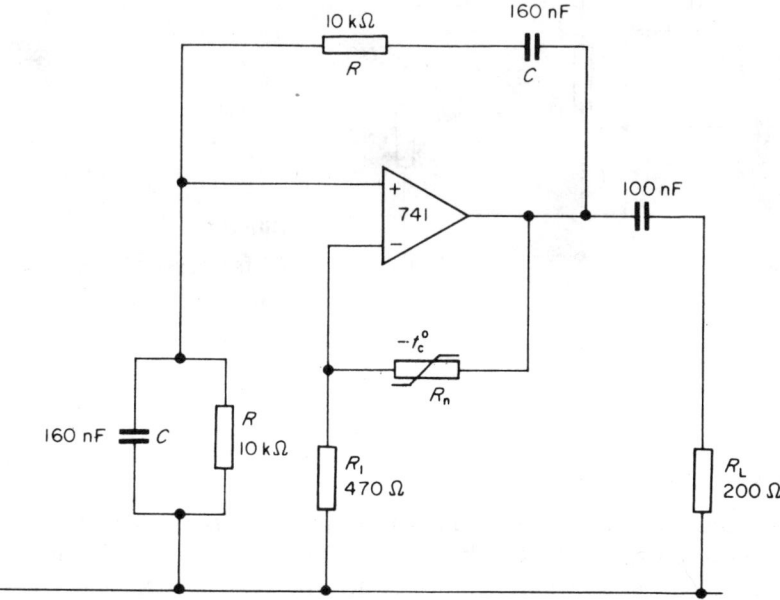

Bild 8.16. Oszillator mit Wien-Brücke

8.4. Anwendungen in der Instrumentierung

8.4.1. Differenzausgang

Operationsverstärker besitzen im allgemeinen zwar Differenzeingänge, jedoch nur einen Ausgang. Für Anwendungen in der Instrumentierung ist es oft wünschenswert, einen Differenzausgang (manchmal als Differentialausgang in Anlehnung an den Differential-transformator bezeichnet) zu erzeugen, um damit Vergleichsschaltungen, Gegentakt- oder Phasenumkehrstufen aufbauen zu können. Drei 741 Verstärker können in der im Bild 8.17 angegebenen Weise zusammengeschaltet werden, um einen Differenzausgang zu bilden. Die beiden 18 kΩ Widerstände legen den Symmetriepunkt des Ausgangs auf das Potential des nichtinvertierenden Eingangs des rechten Operationsverstärkers fest. Der invertierende Eingang wird in seinem Potential durch die beiden 1 MΩ Widerstände be-stimmt und legt somit auch den Symmetriepunkt des Ausgangs fest, da die beiden Ein-gänge in der Gegenkopplungsschaltung keine Spannungsdifferenz aufweisen.

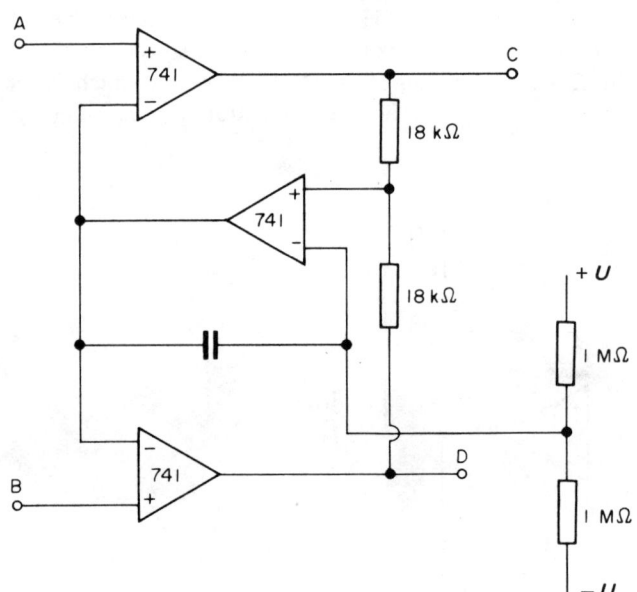

Bild 8.17
Differenzverstärker
mit Differenzausgang (C,D)

8.4.2. Verstärker mit Differenzausgang

Im Bild 8.18 ist eine Schaltung dargestellt, die nur einen einzigen Eingang, aber einen Differenzausgang besitzt. Dabei arbeitet ein Operationsverstärker in invertierender und der ander in nichtinvertierender Schaltung. Mit den beiden 100 kΩ Potentiometern kann die Verstärkung etwa auf den Wert 10 und auch die Symmetrie eingestellt werden. Die beiden 10 kΩ Potentiometer erlauben eine Kompensation des Offsets.

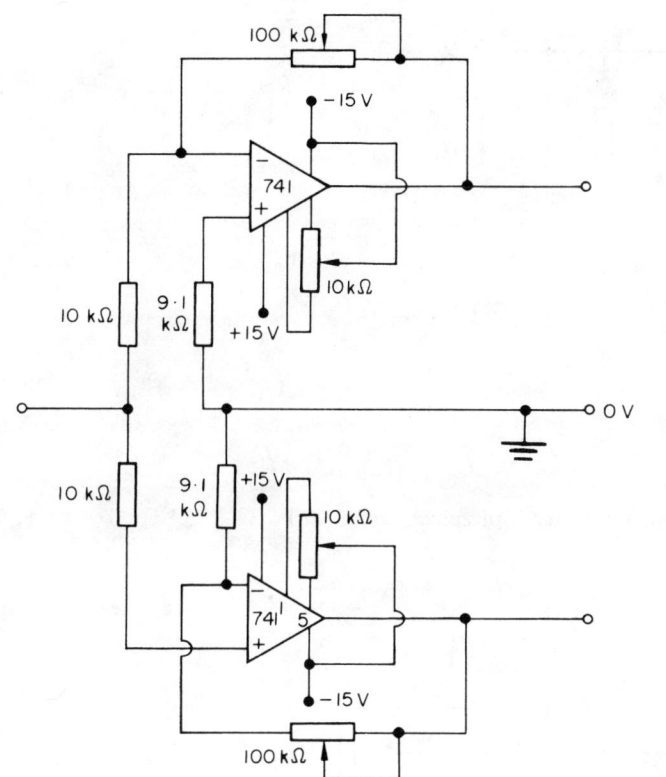

Bild 8.18

Verstärker mit
Gegentaktausgang

8.4.3. Idealer Halbwellengleichrichter (Spitzenwertdetektor)

Das Bild 8.19 zeigt die Schaltung eines idealen Gleichrichters, die durch Hinzufügen von
C in einen Spitzenwertdetektor umgewandet werden kann. Durch den Einbau der Dioden
kann am Ausgang keine negative Spannung auftreten. Für positive Ausgangsspannung ist
die leitende Diode und der Schutzwiderstand R_3 im Zug des Verstärkers, jedoch nicht im
Gegenkopplungszweig eingebaut. Dies ergibt einen linearen Zusammenhang zwischen Ausgangsspannung U_o und Eingangsspannung U_i mit der Steigung $-R_2/R_1$. Bei hochohmiger
Last kann ein Kondensator C im Ausgang (gestrichelt eingezeichnet) die Ladung in der
Zeit zwischen dem Auftreten der Spitzenwerte halten, so daß ein Spitzenwertdetektor
vorliegt.

8.4.4. Verstärker mit schneller Slewrate

Der normale 741 Verstärker ist nicht imstande, Signale bei hohen Frequenzen mit großer
Amplitude zu verstärken. Dies ist auf seine Slewrate zurückzuführen, die schon im Abschnitt 6.2.2 erwähnt wurde. Dieses langsame Schaltverhalten kann jedoch durch Hinzu-
schalten eines zusätzlichen Transistors schneller werden. Hier wirkt der 741 als Verstärker
mit kleinem Ausgangsstrom und der nachgeschaltete Transistor als invertierender Ver-

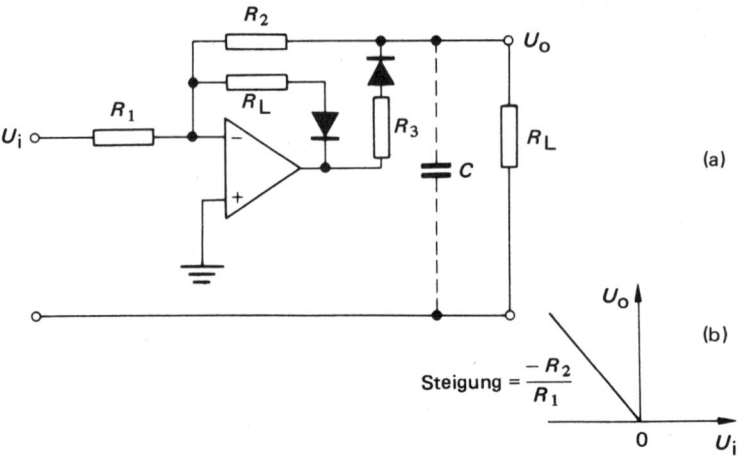

Bild 8.19. Idealer Halbwellengleichrichter (Spitzenwertdetektor)

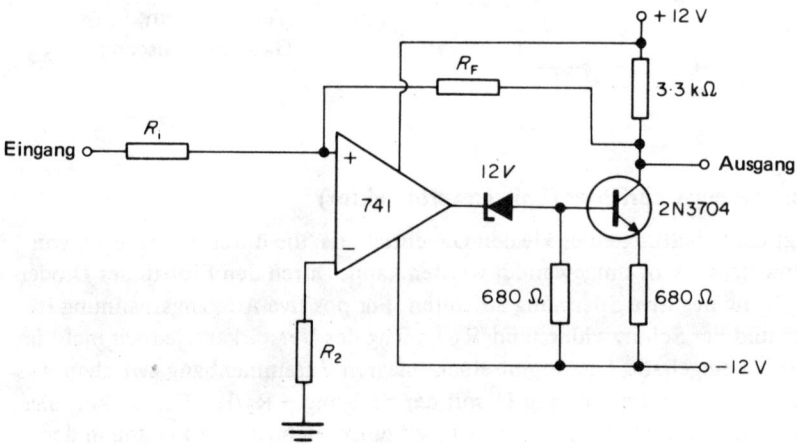

Bild 8.20. Modifikation für schnelle Slewrate

stärker mit großem Strom. In der Schaltung im Bild 8.20 ist ein 2 N 3704 Transistor eingeschaltet, der zwischen den Batteriespannungen $+12$ V und -12 V liegt. Es kann so
eine Erhöhung der Slewrate um den Faktor 5 erreicht werden. Die Verstärkung der Schaltung ist durch das Verhältnis R_F/R_i und ihr Eingangswiderstand durch R_i gegeben.

8.4.5. Dezibelmeter mit linearer Skala

Die in Dezibel (dB) geeichten Meßgeräte haben meist logarithmische Skalen, wodurch die genaue Ablesung sehr erschwert wird. Hingegen zeigt die im Bild 8.21 angegebene Schaltung ein Gleichspannungsvoltmeter, dessen Skala linear in Dezibel direkt geeicht werden kann. Die Meßbereiche erstrecken sich von 0–10 dB und eine zusätzliche Abschwächung im 5, 10, 25 und 40 dB-Stufen kann für genaue Messungen eingeschaltet werden. Die beiden Operationsverstärker IC 1 und IC 2 arbeiten als Verstärker mit stufenweise verstellbarer Verstärkung (switched gain amplifiers), wobei die Verstärkungsstufen durch die oben angegebenen dB Werte vorgegeben sind. IC 3 arbeitet als nichtinvertierender Verstärker mit einstellbarer Verstärkung (50 kΩ Pot.) und Einsatzpunkt (500 kΩ Pot.). Der letzte Operationsverstärker IC 4 ist als Verstärker mit nichtlinearer Kennlinie geschaltet, wie dies später noch ausführlich im Bild 8.33 dargestellt wird. Die Diode D_1 unterdrückt negative Spannungen, für die die logarithmische dB-Skala keine Anzeigemöglichkeit bietet. Die beiden Dioden in der Zuleitung zum nichtinvertierenden Eingang von IC 3 dienen zur Temperaturkompensation der anderen eingebauten Dioden. Zum Verständnis der nichtlinearen Schaltung von IC 4 muß im Auge behalten werden, daß die Anode der drei Dioden im Gegenkopplungszweig stets auf dem Potential 0 V liegt. Eine Diode beginnt jeweils zu leiten, wenn an ihrer Katode die negative Flußspannung, etwa 0,5 V für Ge-Dioden erreicht ist. Das heißt also, daß die Spannungsteiler, die das Katodenpotential der Dioden festlegen, den Einsatzpunkt ihrer Stromleitung bestimmen. So ist beispielsweise durch R_1 und R_4 die Stromleitung von D_4 bestimmt. Bei einer Einsatzspannung von 0,5 V ist also der Einsatzpunkt der Diode D_4 durch 15,5 V $\cdot$ 3,9 kΩ/270 kΩ = 2,2 V gegeben. Ab diesem Spannungswert sind also die 39 kΩ den 15 kΩ als Gegenkopplungswiderstand parallel geschaltet. Genauso werden bei höheren negativen Ausgangsspannungen die anderen in der Schaltung gezeichneten Widerstände der Gegenkopplung parallel geschaltet und damit gemäß dem Bild 8.21b die Verstärkung einer logarithmischen Kurve angepaßt.

8.4.6. Akustisch anzeigendes Voltmeter

Diese Schaltung wurde für Blinde entworfen, um ihnen zu ermöglichen, Spannungswerte zu erkennen, indem ihnen ein Ton mit bestimmter Frequenz über Kopfhörer zugeführt wird. Der Ton verringert sich in seiner Lautstärke und verschwindet ganz, wenn der Abgleich dekadischer Widerstände in einer Brückenschaltung hergestellt ist. Die Widerstandsdekade ist in Blindenschrift (Braille) bezeichnet, so daß der Blinde die richtige Ablesung durchführen kann. In der Schaltung im Bild 8.22 wird an einem 741 die Eingangsspannung mit dem Spannungsabfall an dem einstellbaren dekadischen Widerstand verglichen, der durch den Strom einer Konstantstromquelle hervorgerufen wird. Die Differenzspannung am Eingang wird verstärkt, einem zweiten 741 zugeführt, der als Oszillator mit variabler Frequenz geschaltet ist, wie er im nächsten Abschnitt genauer beschrieben wird. Die Ausgangsspannung des Oszillators wird bei Abgleich nahezu 0 V. Die Eingangsklemmen der Schaltung verhalten sich ähnlich einem Galvanometer mit 50 μA $-$ 100 mV Endausschlag. So ist es möglich, weitere Parallel- und Vorwiderstände einzuschalten und so das Anzeigeinstrument auf weitere Meßbereiche zu erweitern. Die gegeneinander gepolten Dioden im Eingang dienen dem Schutz gegen Überspannungen.

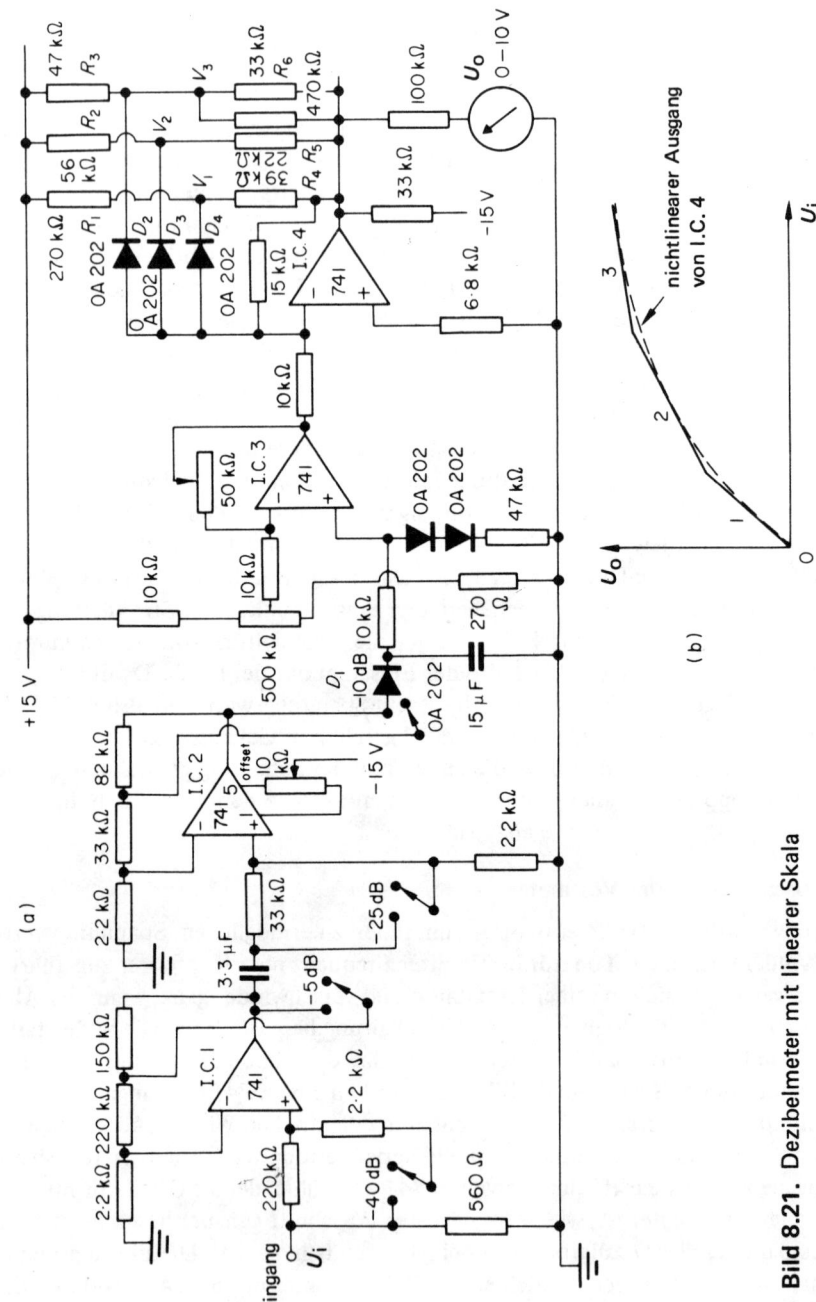

Bild 8.21. Dezibelmeter mit linearer Skala

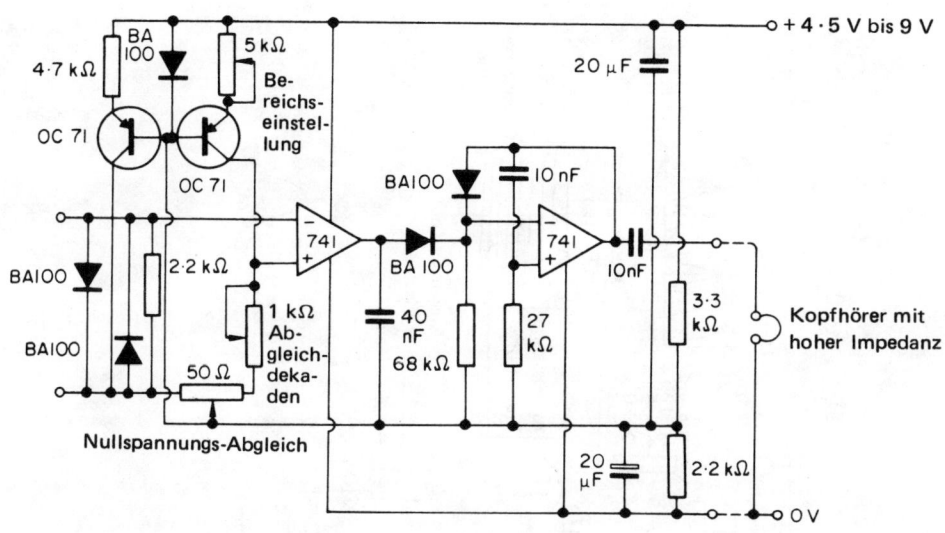

Bild 8.22. Spannungsindikator mit Tonausgang.

8.4.7. Kurvenschreiber

Im dritten Kapitel wurde das Kennlinienfeld des Transistors behandelt. In den statischen Ausgangskennlinien wird der Kollektorstrom I_C als Funktion der Kollektor-Emitterspannung U_{CE} mit der Basis-Emitterspannung U_{BE} oder dem Basisstrom I_B als Parameter dargestellt. Eine punktweise Aufnahme dieser Kurven für einen einzelnen Transistor nimmt beträchtliche Zeit in Anspruch und ist ungenau, weil experimentelle Fehler und Schwankungen der Versorgungsspannung auftreten. Die Schaltung im Bild 8.23 zeigt einen *oszillografischen Kurvenschreiber* (oscilloscope curve tracer), der auf dem Schirm eines Oszilloskops acht Kurven des Kennlinienfeldes, eine nach der anderen aufzeichnet, indem der Transistor über den Bereich von U_{CE} durchgesteuert wird und immer ein anderer Basisstrom I_B oder eine andere Basis-Emitterspannung U_{BE} eingestellt wird. Der Einfachheit halber wird in einer digitalen Schaltung eine stufenförmige Spannung erzeugt, die die acht Stufen von I_B ergibt, wenn ein Eingangswiderstand dem Transistor vorgeschaltet wird, oder direkt U_{BE} einprägt, wenn sie direkt angelegt wird. Dies erfolgt mit Widerständen, die im Verhältnis $1:2:4$ abgestuft sind und in verschiedenen binären Kombinationen eingeschaltet werden (binäre Darstellung von acht Stufen durch drei Bit). Bei jeder Stufe dieser Schaltung wird der Kollektor des Transistors mit einer Sägezahnspannung beaufschlagt und so der Bereich von U_{CE} überstrichen. Ein als Integrator geschalteter 741 verwandelt den Ausgang des ersten 741 Oszillators (Multivibrators) in eine Reihe von Sägezahnspannungen. Die X- und Y-Platten des Oszilloskops werden mit den zwei darzustellenden Größen beaufschlagt, nämlich U_{CE} auf den X-Platten und I_C auf den Y-Platten. I_C gleicht nahezu dem Emitterstrom I_E, der der tatsächlich den Y-Platten zugeführten Spannung entspricht.

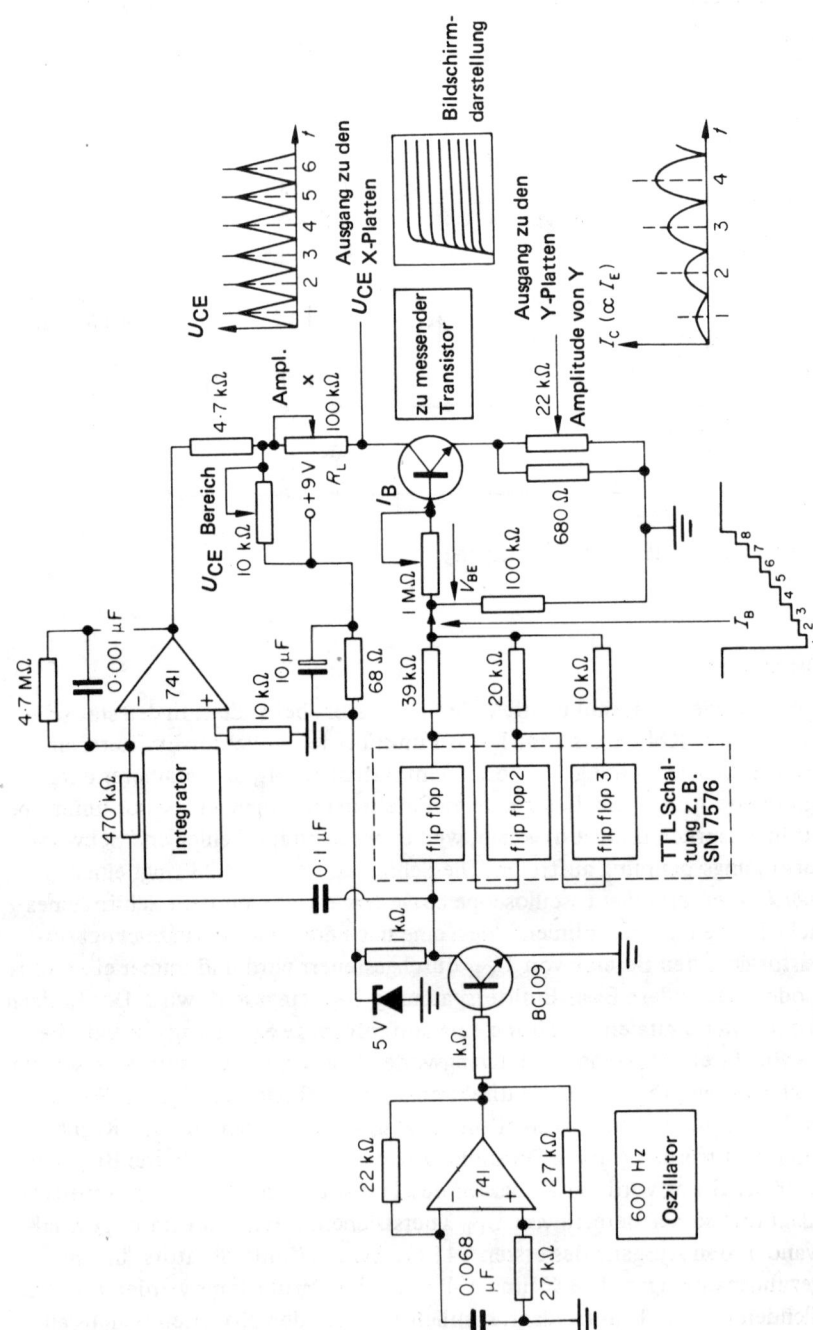

Bild 8.23. Kennlinienschreiber für Transistoren und Dioden

Mit dieser Schaltung können auch die Kennlinien von Dioden oder Zenerdioden dargestellt werden. Die Bereiche von U_{CE} können verändert werden, um verschiedene Transistoren erfassen zu können und den Nullpunkt auf dem Oszillografenschirm zu verschieben. Die Auswirkung einer Änderung des Lastwiderstandes R_L kann auch dargestellt werden, wie dies im Bild 3.6 (S. 37) skizziert ist.

8.5. Funktionsgeneratoren

Unter Funktionsgeneratoren versteht man Geräte, an deren Ausgang Rechteck-, Dreieck-
oder Sinusspannungen oder auch andere Zeitfunktionen zur Verfügung stehen. Hier
werden in einer erweiterten Form des Begriffes Funktionsgenerator auch ein Analog-
Digital-Umsetzer und funktionale Grundschaltungen für analoges Rechnen aufgenommen.

8.5.1. Analog-Digital-Umsetzer (ADC)

Im folgenden werden mehrere Schaltungen beschrieben, die eine kleine veränderliche
Spannung in die Frequenz eines Oszillators umwandeln, die ersterer proportional ist.
Bild 8.24 zeigt das grundlegende Prinzip: Die Schaltung besteht aus einem Integrator
und einem nachgeschalteten Komparator. Der invertierende Eingang des Integrators
wird durch den Operationsverstärker stets auf Massepotential gehalten. Der nichtinvertierende Eingang des Komparators wird immer dann durch Umschaltung der Ausgangsspannung der Schaltung wirksam, wenn er den Spannungswert 0 durchläuft. So können
wir die Funktionsweise dieser Schaltung verfolgen: Nehmen wir an, der Ausgang des
Komparators liegt auf positiver Batteriespannung, dann ist die Diode D gesperrt und
der Kondensator C wir nur vom kleinen Eingangsstrom aufgeladen, der durch die Eingangsspannung U_i über R_1 hervorgerufen wird. Am Ausgang des Integrators entsteht
also eine Spannungsrampe, die von positiven zu negativen Werten läuft. Das Potential
am Ausgang des Integrators bestimmt über den Spannungsteiler R_2 und R_3 zusammen
mit der Ausgangsspannung des Komparators die Spannung am Punkt A. Sobald durch

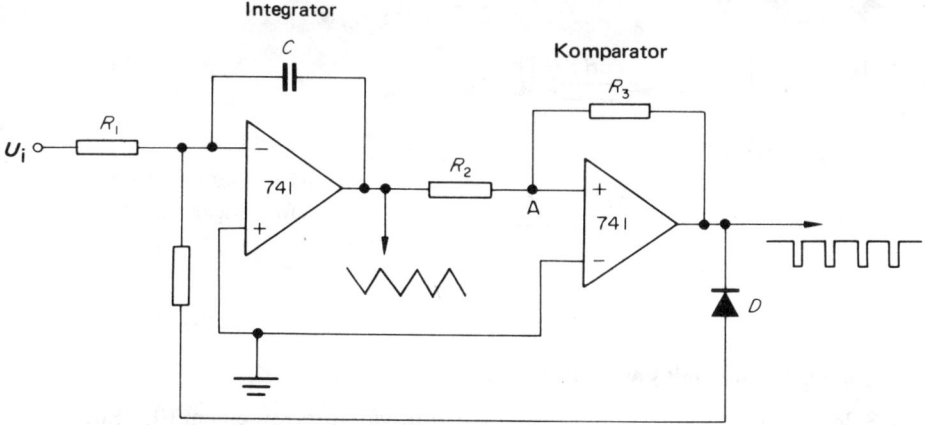

Bild 8.24. Erzeugung einer Rampen- und Puls-Spannung aus der Eingangsspannung
U_i (ADC).

die ins Negative laufende Rampe des Integrators am Punkt A die Spannung 0 V erreicht, schaltet der Komparator von positiver zu negativer Batteriespannung um. Es
wird nun die Diode D leitend und über R_4 wird der Kondensator so aufgeladen, daß
am Ausgang des Integrators eine in positiver Richtung laufende Rampe entsteht. Sobald am Punkt A wieder der Wert 0 V erreicht ist, schaltet der Komparator wieder
auf positive Batteriespannung und der Ladevorgang von C durch U_i beginnt von neuem.
Damit die Propotionalität zwischen Ladestrom und Pulsfrequenz gewahrt bleibt, muß
der Widerstand R_1 viel größer als R_4 sein, denn nur so ist die Aufladung von C über
die Diode D viel kürzer als die Aufladung von C durch U_i über R_1. Die Umschaltung
des Komparators erfolgt immer dann, wenn die Rampenspannung am Ausgang des
Integrators den Wert $U_B R_2/R_3$ erreicht hat.

Eine Modifikation dieser Schaltung ist im Bild 8.25 dargestellt. Hier erfolgt die Aufladung von C nicht vom Ausgang des Komparators bzw. von der Eingangsspannung,
sondern über einen Brückengleichrichter und zwei wählbare Widerstände R_1 und R_2
von der Batteriespannung. Wird $R_1 = R_2$ gewählt und ist die positive Batteriespannung
gleich groß wie die negative, so entsteht eine symmetrische Rampe am Ausgang des
Integrators und ein Rechteckpuls mit dem Tastverhältnis 1 : 1 am Ausgang des Komparators. Man kann sich leicht davon überzeugen, daß bei negativer Ausgangsspannung
der Kondensator C von der negativen Spannung $- U$ über R_2 aufgeladen wird und bei
positiver Ausgangsspannung von $+ U$ über R_1. Durch Veränderung von $R_1 : R_2$ oder
$+ U$ und $- U$ kann das Tastverhältnis in einem weiten Bereich eingestellt werden. Die
Frequenz wird höher, wenn man R_1 oder R_2 vermindert.

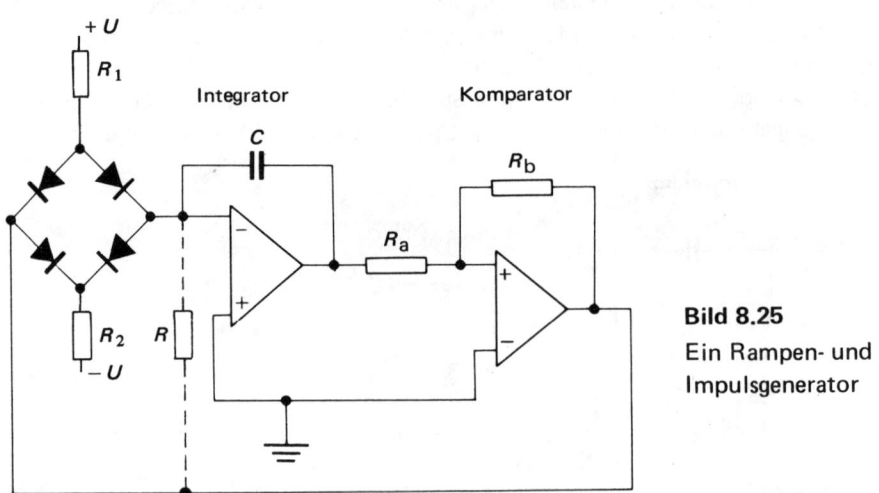

Bild 8.25
Ein Rampen- und
Impulsgenerator

8.5.2. Rampengenerator mit konstanter Amplitude

Das Bild 8.26 zeigt die Schaltung eines astabilen Multivibrators mit einem FET Source-
folger, der die Ausgangsspannung der Rampe auf einen eingestellten Wert festlegt und
eine niedere Ausgangsimpedanz der dreieckförmigen Kurvenform gewährleistet. Wenn

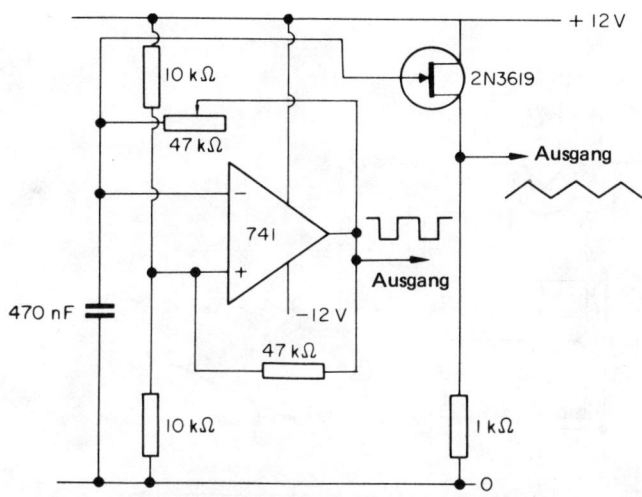

Bild 8.26

Ein Rampen- und
Rechteckgenerator mit
konstanter Amplitude

die Rampe direkt beim invertierenden Eingang des Operationsverstärkers 741 abgenommen werden würde, so würde der Ausgang nicht belastbar sein und sich die Spannung durch den Anschluß eines Verbrauchers ändern. Der einstellbare Widerstand von 47 kΩ ändert die Zeitkonstante der Aufladung des Kondensators und damit die Frequenz des astabilen Multivibrators im Bereich zwischen 100 Hz und 3 kHz. Die Schaltung gibt eine Ausgangsspannung von 4 Volt Spitze-Spitze ab, die sich für TTL-Schaltungen ausgezeichnet eignet. Wird die Versorgungsspannung auf 5 Volt reduziert, so verringert sich die Ausgangsspannung auf 1,4 Volt Spitze-Spitze.

8.5.3. Grundschaltung des Logarithmierers

Die Funktion des Logarithmierens (log) und Entlogarithmierens oder Potenzierens (antilog) ist für analoge Rechenschaltungen von sehr großer Bedeutung, denn durch Kombinationen solcher Funktionen kann man logarithmisch die Multiplikation, die Division oder das allgemeine Potenzieren ausführen. Die Grundschaltung des Logarithmierers zeigt Bild 8.27a. Im Bild 8.27b ist die Ausgangsspannung U_o des Logarithmierers als Funktion der Eingangsspannung U_i wiedergegeben. Man erkennt einen linearen Zusammenhang zwischen der Ausgangsspannung und dem Logarithmus der Eingangsspannung. Die dem Transistor parallelgeschaltete Diode schützt diesen vor verkehrt angelegten Eingangsspannungen oder Überlastung. Die Funktion der Schaltung beruht auf dem exponentiellen Zusammenhang zwischen dem Kollektorstrom I des als Diode geschalteten Transistors und seiner Basis-Emitterspannung U_{BE}: Es ergibt sich eine linearer Zusammenhang zwischen dem log I und der Spannung U_{BE} mit einem Anstieg von 2,3 kT/e V pro Dekade der Stromänderung. Die mit dem Umwandlungsfaktor 2,3 vom natürlichen zum dekadischen Logarithmus multiplizierte Temperaturspannung kT/e = 25 mV bei 27 °C hat den Wert 60 mV für eine Diode. Da für einen idealen Operationsverstärker der Eingangsstrom gleich dem Strom durch den Transistor im Gegenkopplungszweig ist, ergibt sich so der Zusammenhang des Bildes 8.27b. (vergl. Abschn. 7.5)

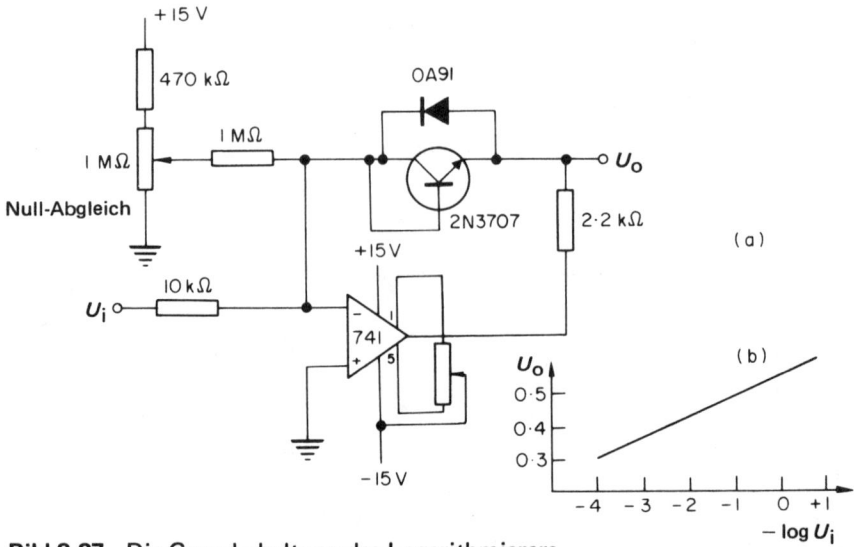

Bild 8.27. Die Grundschaltung des Logarithmierers

8.5.4. Grundschaltung des Entlogarithmierers

Wird ein als Diode geschalteter Transistor als Eingangswiderstand eines invertierenden Verstärkers verwendet, dann ergibt sich die in Bild 8.28 dargestellt Entlogarithmierschaltung. Hier ist der Eingangsstrom und damit die Ausgangsspannung eine Exponentialfunktion der Eingangsspannung. Es können Eingangsspannungen im Bereich zwischen 200 mV und 600 mV verarbeitet werden. Für Eichzwecke kann der Logarithmus der Ausgangsspannung als gerade Linie über der Eingangsspannung aufgenommen werden. Die angegebene Schaltung arbeitet nur für positive Eingangsspannungen und ist für negative adaptierbar, wenn der Transistor umgedreht wird. Diese Schaltung und die oben angegebene sind nicht temperaturkompensiert, aber es gibt kompliziertere Logarithmier- und Entlogarithmierschaltungen, bei denen durch Zusammenschaltung von Logarithmierern und Entlogarithmierern und Verwendung von Exponentialelementen (Transistoren) mit derselben Temperaturabhängigkeit (z.B. auf einem chip) eine Temperaturkompensation bewerkstelligt wird.

8.5.5. Einfache Multiplizier- und Dividierschaltung

Die Schaltungen 8.27 und 8.28 können vereinigt werden und ergeben die Schaltung im Bild 8.29. Hier wird vorausgesetzt, daß alle Transistoren und Widerstände R gleich sind. Es kann eine beliebige Zahl von Spannungen am invertierenden Eingang des Summierers zusammengefaßt werden (zur Division) oder an den nichtinvertierenden Eingang (zur Multiplikation) gelegt werden. Die Entlogarithmierschaltung am Ausgang bewirkt dann die Umwandlung dieser Summe von Spannungen in ein Produkt bzw. in einen Quotienten. Alle Transistorbasen liegen am gleichen Potential wie die virtuellen Massepunkte (≡ invertierende Eingänge).

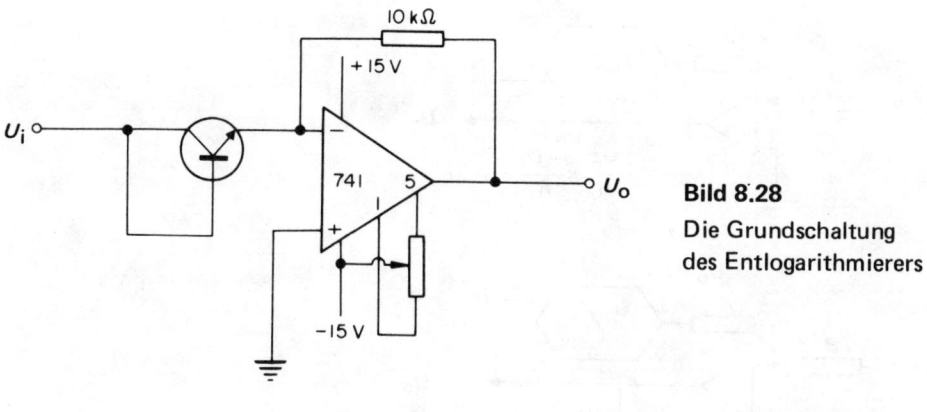

Bild 8.28

Die Grundschaltung des Entlogarithmierers

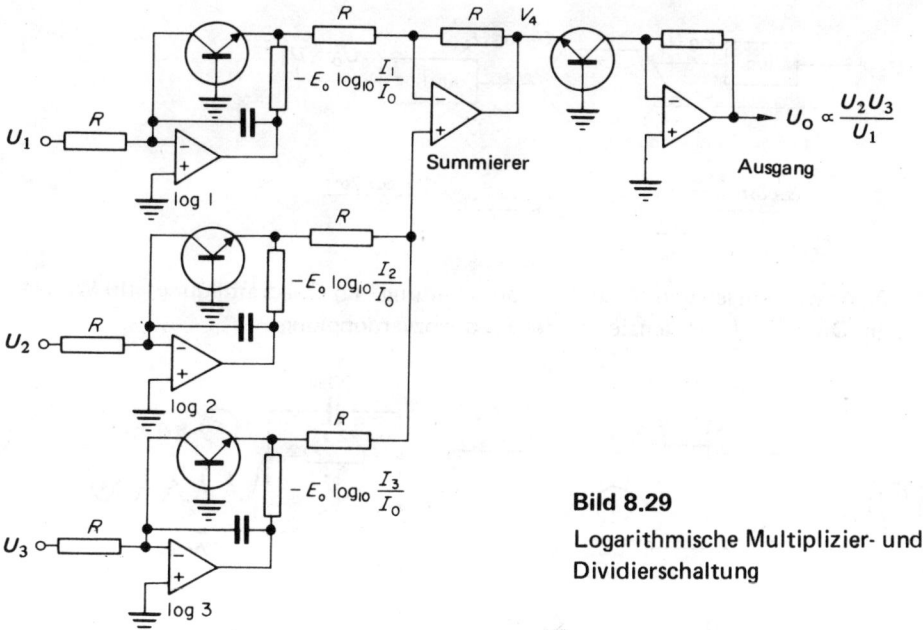

Bild 8.29

Logarithmische Multiplizier- und Dividierschaltung

8.5.6. Weitere Anwendungen von Multiplikationsschaltungen

Im Bild 8.29 wurde die grundlegende Multiplizier- bzw. Dividierschaltung angegeben. Es können nun solche Schaltungen, wie im Bild 8.30, kombiniert werden und so irgendeine weitere Funktion ergeben, wie z.B. das Quadrieren oder Frequenzverdoppeln. Versuche mit Logarithmier- und Entlogarithmierschaltungen können sehr komplexe analoge Rechensysteme ergeben. Jedoch muß betont werden, daß jede Eingangs- und Zwischenspannung

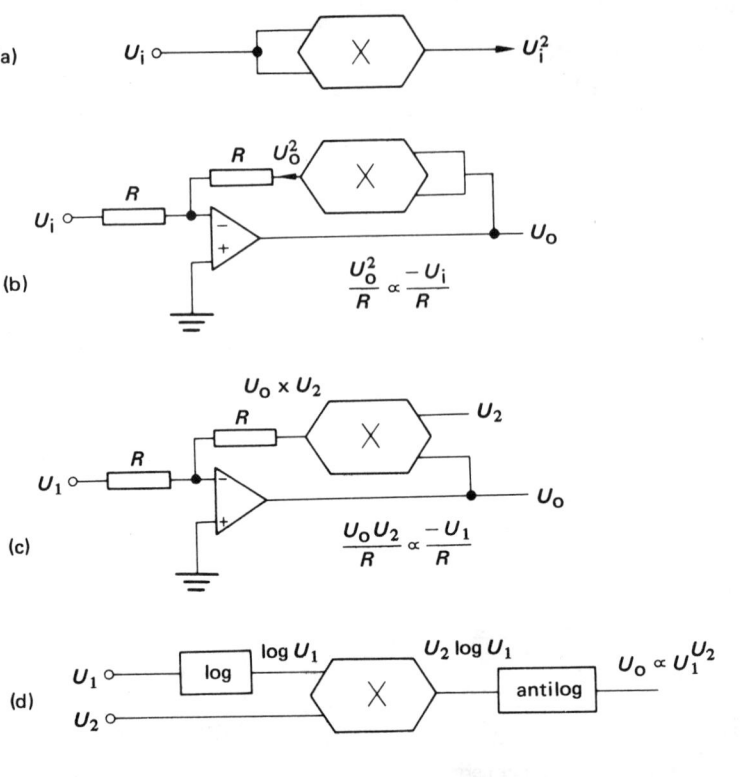

Bild 8.30. Anwendungen von Multiplikationsschaltung. (a) Quadratbildung, (b) Wurzelziehen, (c) Division, (d) Potenzieren, (e) Frequenzverdopplung

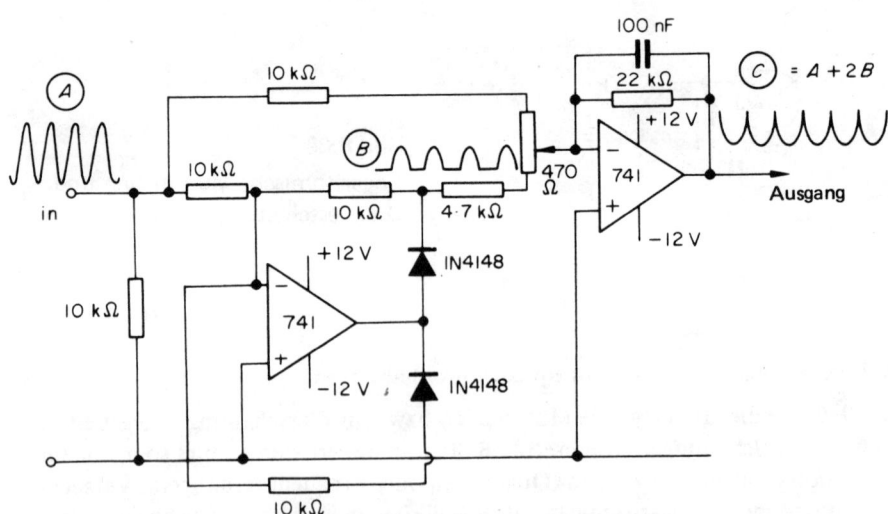

Bild 8.31. Der ideale Halbwellen- und Vollwellengleichrichter

äußerst präzise sein muß, denn ein geringer prozentueller Fehler ergibt nach der Integration oder der Multiplikation sehr große Fehler am Ausgang. Verstärker mit Multiplizierern im Gegenkopplungszweig neigen auch stark zur Selbsterregung. Es müssen daher Verstärker mit kleiner Verstärkung und geringem Rauschen (d.h. einer tiefen Grenzfrequenz) verwendet werden.

8.5.7. Idealer Halbwellen- und Vollwellengleichrichter

Konventionelle Gleichrichterschaltungen basieren auf einer angenähert linearen Knickkennlinie der Diode, die eine Sinuswelle halbiert und so nur positive oder negative Teile der Sinuswelle durchläßt. Wie in den vorangegangenen Kapiteln erwähnt wurde, sind jedoch die Kennlinien der Halbleiter nichtlinear, was zu einer verzerrten Ausgangsspannung des Gleichrichters führt. Die Schaltung im Bild 8.31 führt zu einer idealen Gleichrichtung, da dieser Verstärker eine echte Knick-Kennlinie besitzt. Ein sinusförmiges Eingangssignal ergibt am Ausgang des ersten 741 eine gleichgerichtete und invertierte Halbwelle (B) und der zweite 741 addiert A + 2B, so daß ein vollwellengleichgerichtetes Signal (C) vorliegt. Die Einfügung der Dioden in den Gegenkopplungszweig stellt sicher, daß die Spannungsabfälle der Dioden am Gleichrichterausgang durch die Schleifenverstärkung des Verstärkers dividiert und damit beträchtlich reduziert erscheinen.

Man kann den idealen Gleichrichter auf einen Ladekondensator arbeiten lassen, der sich durch die gleichgerichteten Impulse der Eingangsspannung rampenförmig auflädt und durch einen von außen angelegten Impuls oder eine Spannung entladen werden kann, wann es gewünscht wird, wie dies Bild 8.32 zeigt. Der Ausgang kann direkt am 50 µF-Kondensator als lineare Rampe oder am Ausgang des Gleichrichters als Rampe mit überlagerten gleichgerichteten Impulsen abgenommen werden. Ein Ausgang hat einen großen Innenwiderstand, der andere einen kleinen.

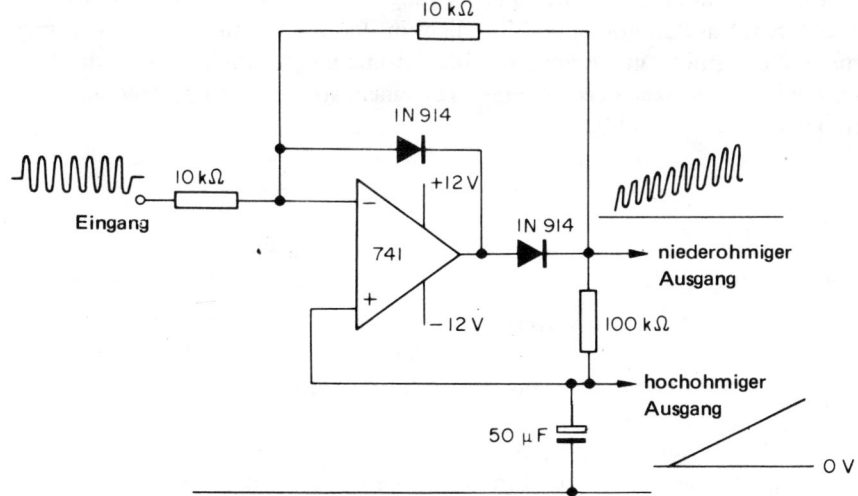

Bild 8.32. Ein Gleichrichter mit rampenförmiger Ausgangsspannung

8.5.8. Erzeugung konvexer und konkaver Funktionen

Bei der Besprechung des Dezibelmeters mit linearer Skala wurde die Erzeugung nichtlinearer Charakteristiken durch das Aneinanderfügen von Geraden erwähnt, die so die
erwünschte Funktion annähern. Das Bild 8.33c zeigt eine ähnliche Schaltung, in der die
Dioden bei bestimmten Spannungswerten abschalten. Es entsteht so die Kurve im
Bild d. Das Bild 8.33a zeigt eine weitere Variation dieser Möglichkeit, durch die eine
konkave Funktion entsteht. Auch in diesem Fall müssen die Anoden der Dioden an
eine Vorspannung gelegt und so die Spannungswerte eingestellt werden, bei denen die
Dioden schalten. Bild d zeigt diese Einsatzspannungen U_{d1} und U_{D2} in der Übertragungscharakteristik. Diese Spannungen liegen um die Leitspannung von ca. 0,6 V
unter den durch die Spannungsteiler und die Versorgungsspannung festgelegten Spannungswerten an den Diodenkatoden.

Kombinationen dieser zwei Schaltungen können zu fast jeder beliebigen Funktion führen.
Es können auch verschiedene Abschnitte einer Funktion aus konvexen und konkaven
Schaltungen zusammengesetzt und die einzelnen Ausgänge in einem Summierverstärker
zusammengefaßt werden.

8.5.9. Rauschgenerator

Synthesizer für Musik (hier werden Klangeffekte durch Zusammensetzen bestimmter
Signale erzeugt) und Frequenzanalysatoren benötigen breitbandiges Rauschen konstanter
Amplitude, teils um Rauschsignale zu erzeugen und teils um das Frequenzverhalten zu
überprüfen. Die verschiedenen Arten des Rauschens wurden bereits im ersten Kapitel beschrieben. Die Schaltung im Bild 8.34 erzeugt weißes Rauschen. Eine Zenerdiode D_1 ist
der Rauschgenerator mit einer Ausgangsspannung von etwa 100 mV. Die Bandbreite des
Rauschens wird durch C_1 und R_1 festgelegt. Der Koppelkondensator C_3 trennt die Diode
gleichspannungsmäßig vom invertierenden 741-Eingang, dessen Schaltung eine Verstärkung von etwa 50 hat. Das Potentiometer VR_1 dient in Verbindung mit C_2 zur „Färbung"
des Rauschens, wobei Färbung in diesem Sinne die Betonung der Amplituden bei den
verschiedenen Rauschfrequenzen bezeichnet, was zu einem vorwiegend hochfrequenten
oder niederfrequenten Rauschen führt.

8.6. Stabilisierschaltungen

8.6.1. Konstantspannungsquelle

In viele analoge Schaltungen werden Anfangswerte eingegeben, die während der Funktions-
dauer dieser Schaltungen zeitlich absolut konstant bleiben müssen. Das Bild 8.35 zeigt
die Verwendung eines Operationsverstärkers 741 als Spannungsreferenzquelle. Als Referenzelement dient eine Zenerdiode mit der Spannung U_z. Der Operationsverstärker
wird durch entsprechende Gegenkopplung mit seinem invertierenden Eingang an diese
Referenzspannung geklammert. Somit bestimmt der Spannungsteiler die Ausgangsspannung gemäß der angegebenen Formel. Diese Quelle kann keine Leistung abgeben, die
Referenzspannung ist nur mit geringen Strömen belastbar.

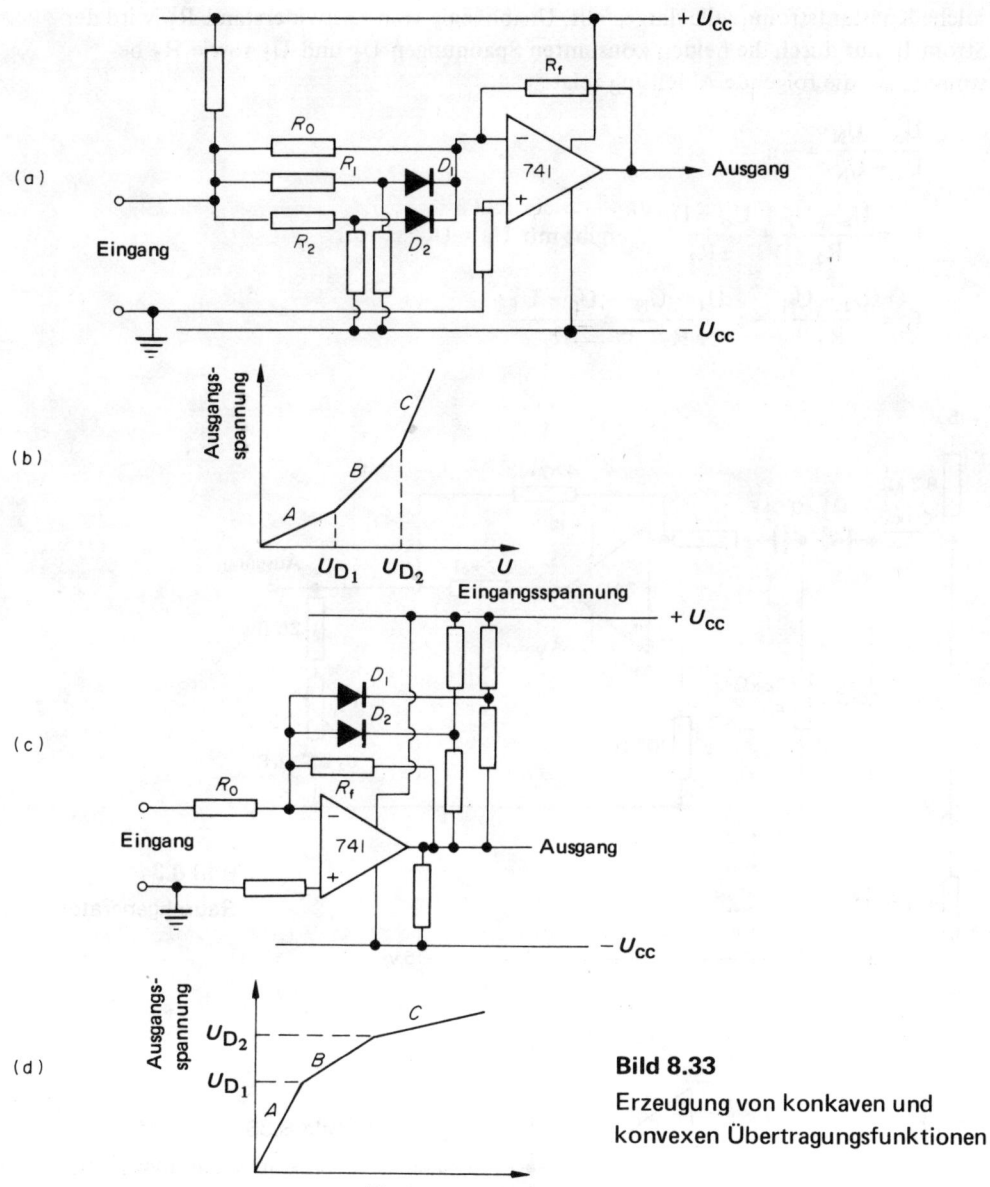

(a)

(b)

(c)

(d)

Bild 8.33

Erzeugung von konkaven und konvexen Übertragungsfunktionen

8.6.2. Konstantstromquelle

In ähnlicher Weise wie im Abschnitt 8.6.1 kann ein Konstantstromgenerator aufgebaut werden, indem in einer Analogschaltung der Spannungsabfall konstant gehalten wird, den der zu stabilisierende Strom an einem Widerstand hervorruft. Im Bild 8.36 ist eine solche Konstantstromquelle dargestellt. Unabhängig vom Lastwiderstand R_L wird der Strom I_L nur durch die beiden konstanten Spannungen U_2 und U_1 sowie R_2 bestimmt, wie die folgende Ableitung zeigt:

$$\frac{U_o - U_N}{U_1 - U_N} = -a$$

$$I_L = \frac{U_2 - U_P}{R_2} + \frac{U_o - U_P}{a\,R_2} \quad \text{ergibt mit } U_P = U_N:$$

$$I_L = \frac{U_2 - U_N}{R_2} - a\,\frac{U_1 - U_N}{a\,R_2} = \frac{U_2 - U_1}{R_2} \quad .$$

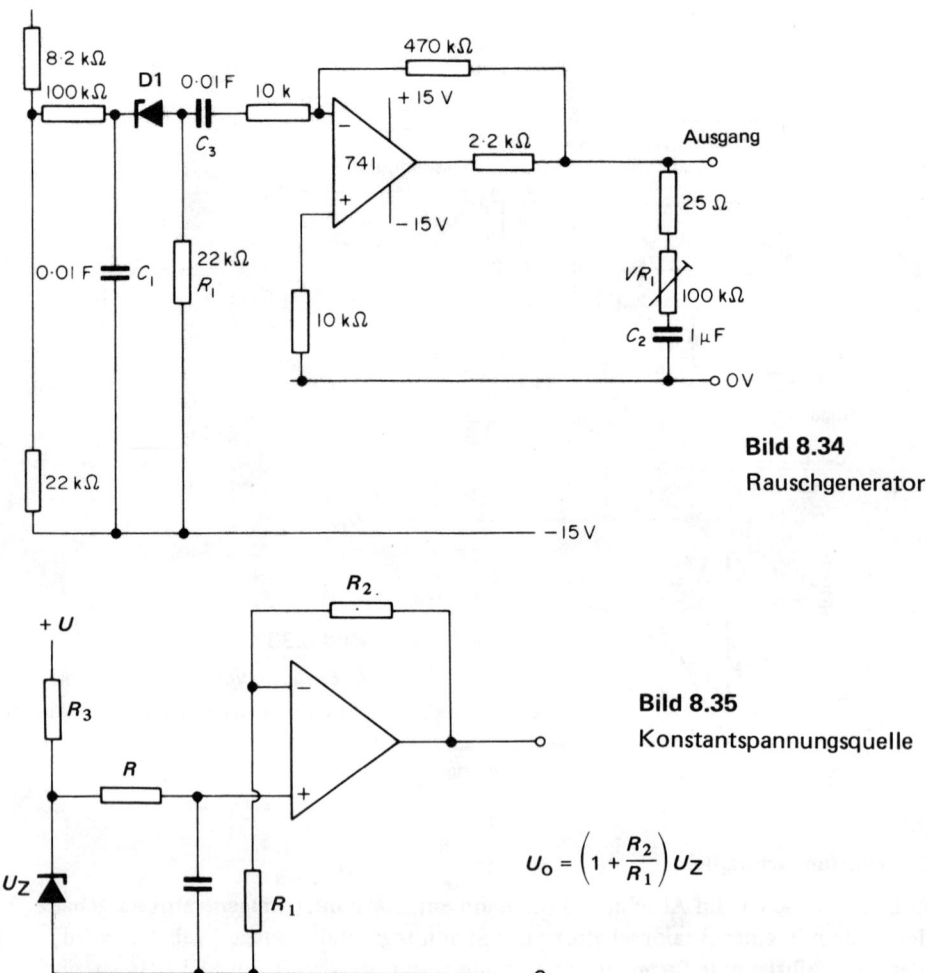

Bild 8.34
Rauschgenerator

Bild 8.35
Konstantspannungsquelle

$$U_o = \left(1 + \frac{R_2}{R_1}\right) U_Z$$

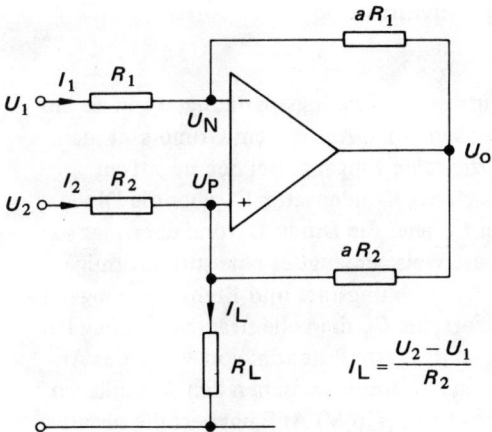

Bild 8.36

Eine Konstantstromquelle

$$I_L = \frac{U_2 - U_1}{R_2}$$

8.6.3. Stabilisiertes Niederspannungs-Netzgerät

Das Bild 8.37 zeigt den Einsatz des 741 in einem stabilisierten Niederspannungs-Versorgungsteil. Der Operationsverstärker wird als Fehlerverstärker verwendet, um die Differenz zwischen einer stabilen Gleichspannung am nichtinvertierenden Eingang und einer der Ausgangsspannung proportionalen Spannung am invertierenden Eingang möglichst gering zu halten, wie es bei der Konstantspannungsquelle in Bild 8.35 der Fall war. Die Fehlerspannung wird verstärkt und einem Regeltransistor zugeführt, dessen Verstärkung so lange erhöht oder vermindert wird, bis sich die Fehlerspannung dem Wert 0 nähert. Der Spannungsteiler im Bild ist so dimensioniert, daß die Ausgangsspannung in der Nähe des Wertes von 12 V stabilisiert wird. Die Ausgangsspannung ist von 2−15 V einstellbar, wenn eine Zenerdiode mit 2 V und eine Batteriespannung von mindestens 18 V verfügbar ist und der Ausgangsspannungsteiler z. B. mit 470 Ω−20 kΩ Potentiometer−270 Ω dimensioniert wird. Verschiedene derartige Schaltungen sind als kurzschlußfeste integrierte Schaltkreise käuflich.

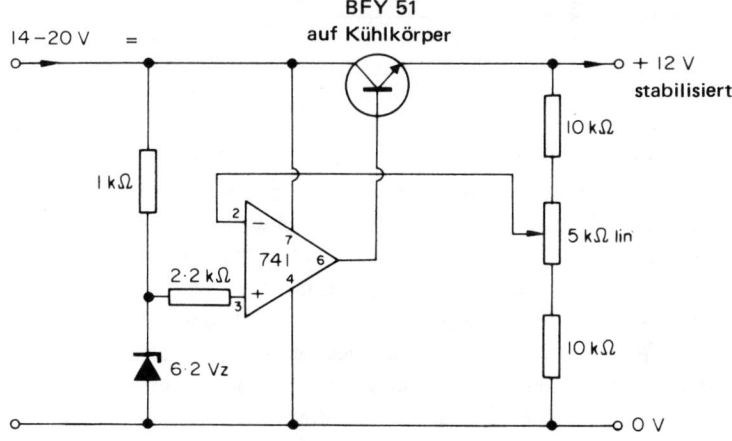

Bild 8.37

Stabilisierter
Niederspannungs-
versorgungsteil

8.7. Analog-Digital und Digital-Analog Umwandlung

8.7.1. Linearer Treppengenerator

Die Schaltung im Bild 8.38 erzeugt eine stufenförmige Ausgangsspannung, wenn sie am Eingang mit einer Reihe von Impulsen beaufschlagt wird. Aus diesem Grund sagt man, sie erzeugt einen *analogen* Ausgang bei einem *digitalen* Eingang. Bei den negativen Flanken des Eingangs-Rechtecksignales ladet sich der Kondensator C_1 über die Diode D_1 auf. Bei den positiven Flanken entlädt sich C_1 über die Diode D_2 und überträgt so seine Ladung auf den Kondensator C_2. Auf diese Weise erzeugt er eine stufenförmige Abnahme der Ausgangspannung. Im Takt der Widerholungsrate und Breite der Eingangs-impulse setzt sich der Ladungsaufbau solange fort, bis C_2 die volle neagtive Ladung hat und nun durch den Unijunction-Transistor gegen das feste Potential von + 6 V des Anschlusses b_2 entladen wird, sobald dieser die Zündspannung zwischen den Anschlüssen b_2 und b_1 erreicht hat. Dann baut sich vom positiven ($\doteq$ 6 V) Anfangswert die negative Treppenspannung wieder auf.

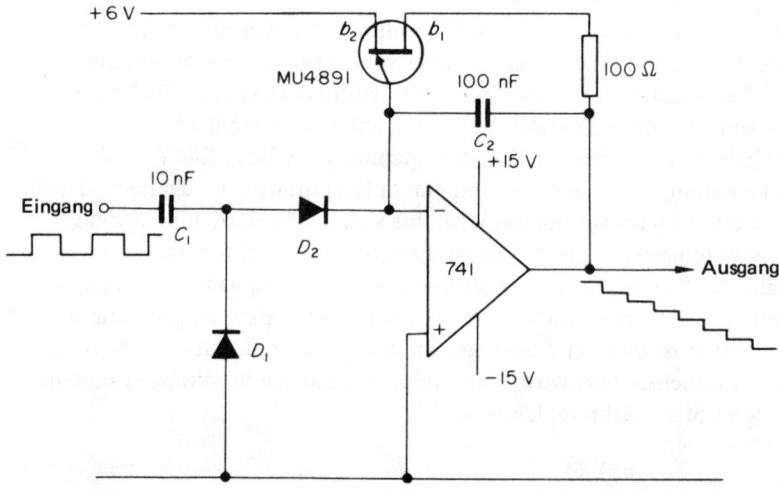

Bild 8.38. Ein Stufengenerator

8.7.2. Pulsbreitenmodulator

Die Schaltung im Bild 8.39 ermöglicht eine Pulsbreitenmodulation. Das Modulations-signal wird einem Komparator zugeführt und verändert dessen Schwellspannung. Am anderen Eingang liegt ein Sägezahnsignal, das mittels eines 741-Integrators aus einer Rechteckspannung gewonnen wird. Entsprechend der Sägezahn-Änderung der Schwell-spannung des Komparators ändert sich dessen Einschaltzeitpunkt und so werden ent-weder breitere oder kürzere Impulse vom Komparator abgegeben. Diese Schaltung findet Anwendung in der Nachrichtentechnik bei der Modulation eines Sprach- oder Video-signales in digitaler Form. Besser als analoge Signale können digitale Pulssignale über-

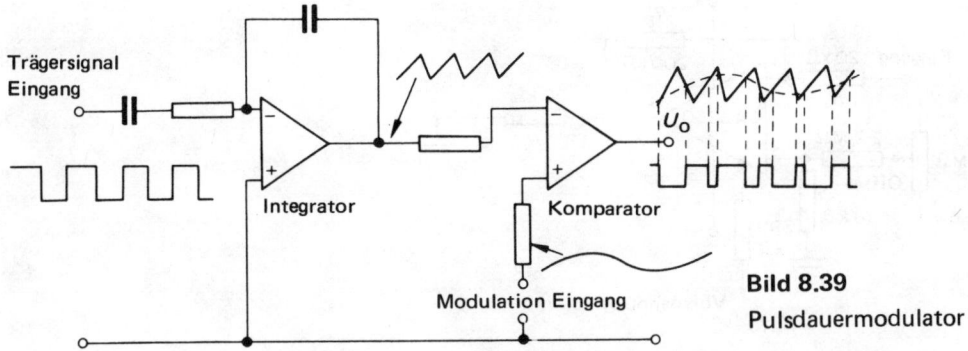

Bild 8.39

Pulsdauermodulator

tragen werden, da sie durch schlechten Empfang oder andere Änderungen kaum beeinflußt werden: Es gibt nur zwei mögliche Zustände: eingeschaltet oder ausgeschaltet.
(„1" oder „0"). Solche digitale Signale können auch mit denen von anderen Kanälen
verschachtelt auf einer Übertragungsstrecke gleichzeitig gesendet werden. Dieses Über-
tragungsverfahren heißt Zeitmultiplex.

8.7.3. Der operationelle Steilheitsverstärker (OTA)

Dieses neue Bauelement arbeitet als Verstärker ähnlich wie der Operationsverstärker 741,
zusätzlich kann jedoch seine Verstärkung unabhängig vom Eingangssignal durch eine
äußere Spannung geregelt werden. Dieser operationelle Steilheits-(= Transkonduktanz-)ver-
stärker wird auch im deutschen Sprachgebrauch mit seiner englischen Abkürzung OTA
(operational transconductance amplifier) bezeichnet. Er kann als Modulatorverstärker
mit veränderlicher Verstärkung oder für Digitalschaltungen verwendet werden, bei denen
digitale Signale die analoge Schaltung, die als Komparator, Integrator oder für andere
Funktionen aufgebaut ist, aus- und einschalten.

Das Bild 8.40a zeigt die Verstärkergrundschaltung, welche mit dem OTA CA 3060 mit
einer Verstärkung von 20 dB, einstellbarem Offset, geringem Ruhestrom, einem Eingangs-
aussteuerbereich von ± 50 mV und einer Eingangs- und Ausgangsimpedanz von 20 kΩ aufgebaut ist. Dieses Bauelement kann keine Leistung abgeben, aber als Ausgangsverstärker
kann z. B. ein FET, wie im Bild b, nachgeschaltet werden. Die gesamte Ausgangsimpedanz mit dem FET ist nun 200 Ω und die Verstärkung 100 dB. Das Bild c zeigt eine
Möglichkeit, COSMOS-Schaltungen durch einen solchen Operationsverstärker zu schalten.
Hier ist die Leerlaufverstärkung 30 dB und der Ausgangsstrom 6 mA. Die offene Leerlauf-
Slewrate ist 65 V/μs und die Slewrate der Gesamtschaltung 1 V/μs.

Eine sehr brauchbare Anwendung des OTA zeigt Bild (d): den Amplitudenmodulator.
Hier wird der Träger dem invertierenden Eingang und die Offsetkompensationsspannung
dem nichtinvertierenden Eingang zugeführt. Die Modulation wird an den Steuerspannungsanschluß (Stift 5) angeschlossen. Dieser Steuerspannungsanschluß kann auch dazu verwendet werden, den Verstärker durch eine getrennte Steuerquelle ein- und auszuschalten
oder den Verstärker als Lautstärkeregler oder Ringmodulator einzusetzen.

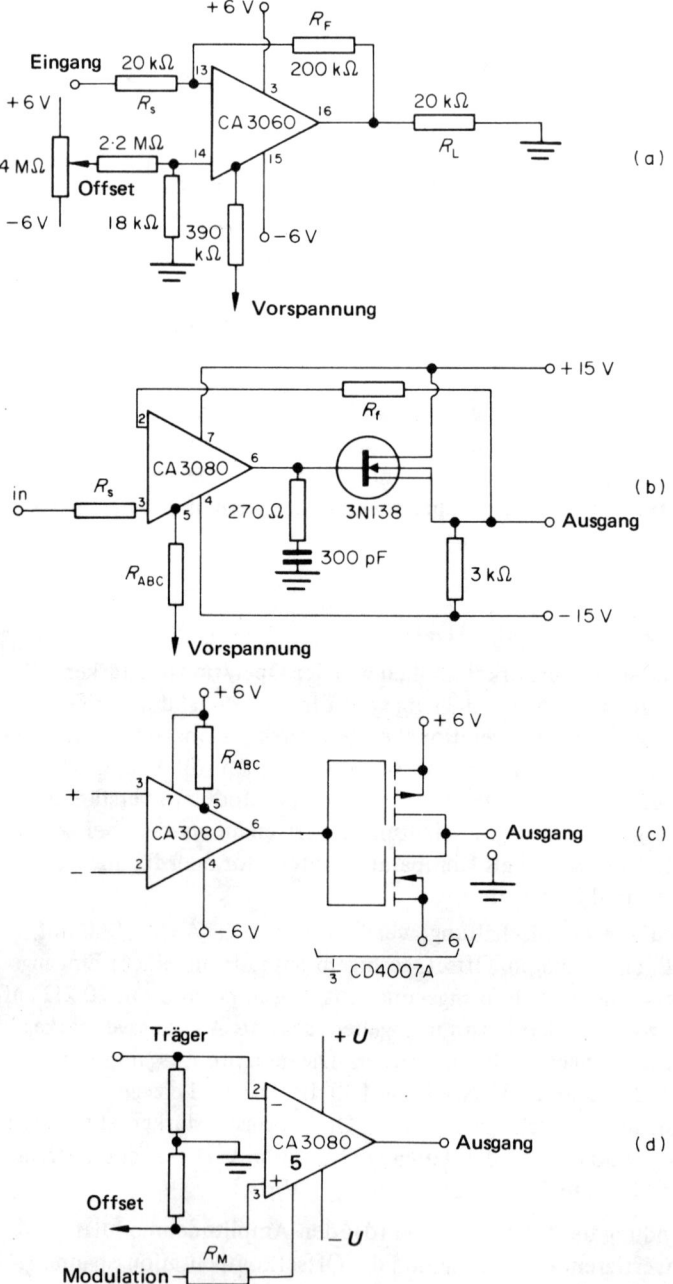

Bild 8.40. Anwendungen des operationellen Transkonduktanzverstärkers

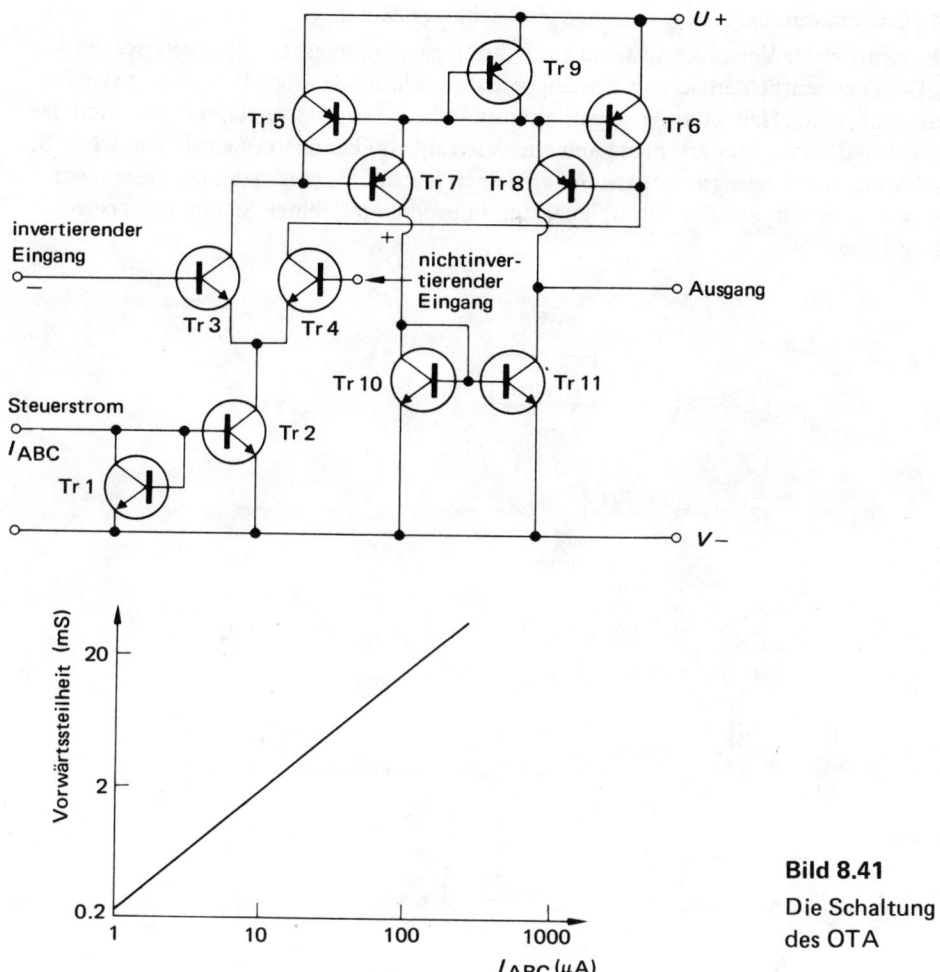

Bild 8.41

Die Schaltung des OTA

Dieses Bauelement erschien erstmals 1969 mit dem damals einmaligen Schaltungskonzept, das nur aktive Bauelemente und keine Widerstände benötigte, wie etwa der 741. Der OTA braucht auch nur sehr kleine Versorgungsleistungen, so daß er in einem batteriebetriebenen Gerät leicht einzubauen ist, wie z.B. in digitale MOS Schaltungen und Flüssigkristall-Anzeigen. Das Bild 8.41 zeigt das Schaltschema des OTA, das dem des 741 in vielen Beziehungen ähnlich ist, bis auf den Streuertransistor Tr 1, der mit Hilfe des Steuerstromes I_{ABC} die Verstärkung der Schaltung mit Hilfe eines sogenannten Stromspiegels regelt. Dieser Stromspiegel bewirkt, daß der durch Tr 2 fließende Strom genauso groß wie der Steuerstrom I_{ABC} ist und somit die Verstärkung des Differenzverstärkers Tr 3 und Tr 4 direkt diesem Steuerstrom proportional ist (vgl. Schluß des Abschnittes 3.12). Wie Bild 8.41 unten zeigt, ist dieser lineare Zusammenhang zwischen Steuerstrom und Steilheit des Verstärkers über mehrere Dekaden des Steuerstromes gegeben.

8.7.4. Programmierbare, Varaktor- und Zerhackerverstärker

Der Entwurf vieler Verstärkersysteme kann durch programmierbare Operationsverstärker (z.B. OTA) wesentlich erleichtert werden, wie dies Bild 8.42a zeigt: Hier gibt es vier Eingangskanäle, einen Halbleiter-Analogschalter und einen Ausgangsverstärker. Die Wahl des Kanals wird digital gesteuert; man kann eine Vielzahl von Parametern einstellen, wie z.B. Verstärkung und Eingangsimpedanz der einzelnen Kanäle. Es wird dann der geeignetste Eingang ausgewählt, etwa im Multiplexer und in programmierbaren Spannungsversorgungssystemen.

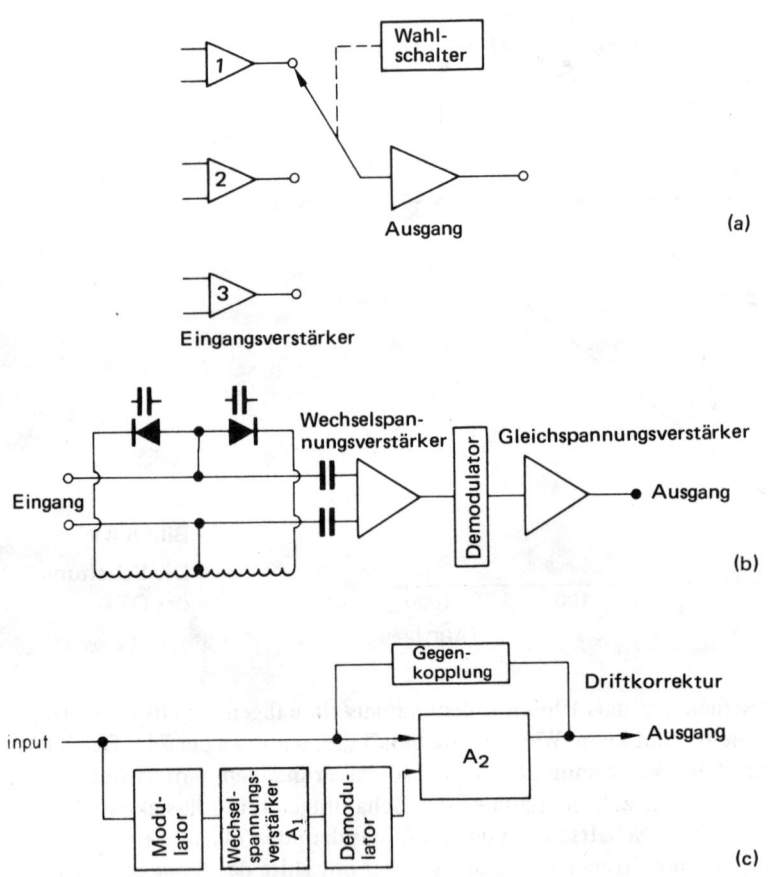

Bild 8.42. (a) Programmierbarer-, (b) Varaktor-, (c) Zerhacker-Verstärker

Für den Aufbau von Meßverstärkern mit sehr hochohmigen Eingängen kann man Feldeffekttransistoren verwenden und erzielt damit Eingangswiderstände in der Größenordnung von 10^{12} Ω. Auch die Temperaturdrift kann kleingehalten werden, typisch 10 µV/C° und 0,5 pA/C°, d. h. $0,5 \cdot 10^{-12}$ A/C°. Werden noch geringere Driftströme in der Größenordnung vom 10^{-15} A/C° bei hohen Eingangswiderständen angestrebt, so muß der *Varaktorverstärker* verwendet werden, der im Bild 8.42 skizziert ist. Im Eingang dieses Verstärkers liegt eine mit Varicap-Dioden aufgebaute Brücke. Diese Varaktoren sind in Sperrichtung vorgespannte Halbleiterdioden. Ohne Eingangssignal ist die Brücke abgeglichen und es wird kein Wechselspannungssignal an den Wechselspannungsverstärker abgegeben. Wird an die Brücke eine Gleichspannung gelegt, so verändert sich die Kapazität der beiden Dioden im Gegensinn und es kommt Wechselspannung an den Verstärker. Dieses Wechselspannungssignal wird dann demoduliert und mit dem Gleichspannungsverstärker auf den Ausgangswert angehoben. Dieser Varaktorverstärker hat jedoch eine hohe Spannungsdirft mit der Temperatur (50 µV/C°), kleine Bandbreite (5 kHz) und hohes Rauschen. Diese Drift kann in vielstufigen Verstärkern sehr störend wirken, insbesondere wenn sie in Eingangsstufen auftritt.

Die Dirftspannungen können mit Hilfe eines *Zerhackerverstärkers* (chopper amplifier) wesentlich reduziert werden. Das Bild 8.42c zeigt das Arbeitsprinzip eines Zerhackers, der eine Modulation des Gleichspannungs-Eingangssignals bewirkt und es in ein Wechselspannungssignal umwandelt. Das Wechselspannungssignal wird mit einem driftfreien Verstärker weiter verarbeitet, sodann demoduliert und einem Gleichspannungsendverstärker zugeführt. Modulator und Demodulator sind synchronisiert und die Temperaturdrift im Wechselspannungsverstärker ist sehr klein. So erreicht man mit dem Zerhackerverstärker etwa 0,1 µV/C° bzw. 1,0 pA/C°. Diese Verstärker leiden jedoch an der Erzeugung eines zusätzlichen Rauschens in den Modulatorschaltern. Sie sind nur mit einem einpoligen Eingang erhältlich, da ein dazu symmetrischer zweiter Eingang zur internen Drift-Korrektur verwendet wird, wie Bild 8.42c zeigt.

Sachwortverzeichnis

Noel M. Morris

Einführung in die Digitaltechnik

(Digital Electronic Circuits and Systems, dt.) (Aus dem Englischen
übersetzt von N. Hojka.) Mit 112 Abbildungen. 1977. VII, 129 Seiten.
Kartoniert
ISBN 3 528 03028 3

Inhalt: Was ist Logik? — Logische Grundfunktionen — NAND- und NOR-Funktionen —
Elektronische Schaltungen — Elektronische Logikschaltkreise — Die logische Algebra —
Logische Netzwerke — Speicherschaltungen — Arithmetische Operationen — Asynchron-
zähler — Synchronzähler — Schieberegister und Ringzähler — Anwendungen digitaler
Elektronik.

Das Buch bietet eine leichtverständliche Einführung in das Gebiet der Digitaltechnik,
wobei vom Leser außer einem technischen Grundverständnis keine Voraussetzungen
erwartet werden. Die ersten drei Kapitel sind als Einführung in die Denkweisen der
digitalen Logik gedacht. An Hand einfacher Beispiele werden die logischen Grundfunktionen behandelt und ihr Zusammenwirken erläutert.

Die Kapitel 4 und 5 wenden sich besonders an den elektronisch interessierten Leser.
Nach einer kurzen Erläuterung von Schaltvorgängen in Halbleitermaterialien und ihrer
Anwendung in Dioden, bipolaren Transistoren und Feldeffekttransistoren erfolgt eine
Vorstellung der heute wichtigen Logikfamilien an Hand ihrer Schaltungstechnik und
ihrer Eigenschaften.

Die nächsten beiden Kapitel liefern mit der logischen Algebra die mathematischen
Grundlagen für den Entwurf und die Minimierung logischer Schaltungen. Mit der
Einführung typisierter Speicherschaltungen erfolgt die Überleitung zu sequentiellen
Digital-Schaltungen.

Die letzten Kapitel sind anwendungsorientiert und geben dem Leser einen Überblick
über die wichtigsten Grundbausteine komplexer Digital-Systeme. Besonders hervor-
zuheben ist die Behandlung der Zahlendarstellung und die Gestaltung von Rechen-
werken. Als weitere Bausteine werden synchrone und asynchrone Zähler sowie
Schieberegister erläutert. Das Buch schließt mit einer Reihe von praxisnahen Beispielen
für Anwendungen digitaler Schaltungen.

Auf Grund des einfachen Aufbaus und der anschaulichen Darstellungsweise ist es zum
Selbststudium bestens geeignet, es kann aber auch zum Auffrischen von Kenntnissen
empfohlen werden.

» vieweg